人工智能时代与人类未来

[美]
亨利·基辛格
Henry Kissinger
x
埃里克·施密特
Eric Schmidt
x
丹尼尔·胡滕洛赫尔
Daniel Huttenlocher
著

胡利平 风君 译

The Age of AI
And Our Human Future

中信出版集团 | 北京

图书在版编目（CIP）数据

人工智能时代与人类未来 / (美) 亨利 · 基辛格，(美) 埃里克 · 施密特，(美) 丹尼尔 · 胡滕洛赫尔著；胡利平，风君译 . -- 北京：中信出版社，2023.6

书名原文：The Age of AI: And Our Human Future

ISBN 978-7-5217-5642-5

Ⅰ . ①人… Ⅱ . ①亨… ②埃… ③丹… ④胡… ⑤风… Ⅲ . ①人工智能—研究 Ⅳ . ① TP18

中国国家版本馆 CIP 数据核字 (2023) 第 069197 号

人工智能时代与人类未来
著者：［美］亨利 · 基辛格 ［美］埃里克 · 施密特 ［美］丹尼尔 · 胡滕洛赫尔
译者：胡利平 风 君
出版发行：中信出版集团股份有限公司
（北京市朝阳区东三环北路 27 号嘉铭中心 邮编 100020）
承印者：北京通州皇家印刷厂

开本：880mm×1230mm 1/32 印张：10 字数：145 千字
版次：2023 年 6 月第 1 版 印次：2023 年 6 月第 1 次印刷
京权图字：01–2023–2033 书号：ISBN 978–7–5217–5642–5
定价：88.00 元

服务热线：400–600–8099
投稿邮箱：author@citicpub.com

谨将此书献给南希・基辛格，

她集从容、优雅、坚毅与智慧于一身，

是上天给予我们所有人的恩赐

目 录

前 言

人工智能重塑人类社会秩序

5 年前，人工智能（AI）这一主题出现在一个会议的议程上。本书的三位作者中，有一位差点儿缺席了这个会议，因为他以为这只是一场超出他通常关注范围的技术讨论。而另一位作者当时则力劝他三思，并解释说人工智能将很快影响到人类所涉足的几乎每一个领域。

那次会面引发了积极讨论，很快第三位作者也欣然加入进来，并最终促成了这本书的诞生。人工智能将引发社会、经济、政治和外交政策领域的划时代变革，这种前景预示着它的影响超出了任何一位作者或单个领域内专家的传统关注范围。事实上，要解答它所带来的问题，需要的知识甚至远超人类已有的经验。因此，在技术、历史和人文领域各方熟识人士的热心建议和通力协作之下，我们开展了一系列与人工智能相关的对话。

无论何时何地，人工智能都正变得日益普及。越来越多的学生开始专攻这一领域，为将来从事这一领域或与之相关的职业做着准备。2020 年，美国人工智能初创企业筹集了近 380 亿美元的资金，他们的亚洲同行筹集了 250 亿美元，而欧洲同行的这个数字则是 80 亿美元。[1] 美国、中国和欧盟这三大区域政府都召开了高级别会议，研究人工智能并报告相关结论。现在，政治领袖和企业领导人经常称，他们的目标是在人工智能领域“获得胜利”，或者至少是让人工智能为己所用，以实现他们的目标。

如此种种，均是事实之一面，若割裂开来不见全局，则有盲人摸象之嫌。人工智能不是一个行业，更不是单一的产品。用战略术语来说，它甚至不是一个“领域”。它是科学研究、教育、制造、物流、运输、国防、执法、政治、广告、艺术、文化等众多行业及人类生活各个方面的赋能者。人工智能的特点，特别是它的学习、演化和让人大吃一惊的能力，将颠覆和改变所有这些方面。由此产生的结果将是人类身份的转变，以及人类对现实体验水平的提升，所达到的高度是人类自现代曙光初现以来从未企及的。

本书旨在对人工智能加以阐释，并为读者指出我们在未来几年必须面对哪些问题，以及解答这些问题需要哪些工具。这些问题包括：

- 人工智能在医疗、生物学、空间和量子物理学领域的创新是什么样的？
- 通过人工智能构建的人类“最佳伙伴”是什么样的，尤其是对孩子们来说？
- 由人工智能驱动的战争是什么样的？
- 人工智能可以感知人类无法感知的现实世界吗？
- 当人工智能参与到对人类行为的评估和塑造中时，人类将如何改变？

- “人”的存在又意味着什么？

在过去的4年里，我们和基辛格的知识事务助理梅雷迪思·波特一直保持会面，共同探讨上述和其他各种问题，试图理解人工智能崛起带来的机遇和挑战。2018—2019年，在梅雷迪思的帮助下，我们的想法有幸转化成数篇文章。这给了我们不少信心，于是便将这些文章进行扩展，遂成此书。

我们2020年的会面受新冠肺炎疫情影响，不得不通过视频会议的方式进行，这种技术不久前还是异想天开，现在却已无处不在。随着全世界因疫情陷入封锁，遭受着只有在过去一个世纪的战争时期才经历过的损失和混乱，我们的会议变成了一个论坛，旨在讨论那些人工智能不具备的人类属性：友谊、同理心、好奇心、怀疑和担忧。

相较而言，我们三人对人工智能的乐观程度各不相同。但我们一致同意，这种技术正在改变人类的思想、知识、感知和现实，并在此过程中引发了人类历史进程的变迁。在本书中，我们既不褒扬人工智能，也不试图去贬低它。因为无论你怎样看待人工智能，它都已变得无所不在。我们试图去做的，是在人工智能带来的影响尚在人类理解范围之内时，对这种影响加以考量。我们希望，本书能成为一个起点、一剂触发未来讨论的催化剂；我们借本书提出一些问题，而我们也并非知道所有问题的答案。

对我们而言，试图用区区一本书来定义一个新时代，无疑太过狂悖。无论哪个领域的专家，都无法凭借一己之力理解一个机器能够自主学习和运用逻辑的未来，而这种学习和运用可能已经超出目前人类理性可及的范围。因此，各个社会必须展开合作，不仅是为了理解，也是为了适应这样的未来。本书旨在为读者提供一个范本，让他们自行决定未来应该是何种模样。人工智能的未来仍在人类的掌控之中，而我们的使命，就是以我们的价值观来塑造它。

第一章

x

我们的处境

2017 年年底，一场革命悄然而至。由谷歌旗下 DeepMind 公司开发的人工智能程序 AlphaZero 击败了当时世界上最强大的国际象棋程序 Stockfish。AlphaZero 对 Stockfish 的百场战绩是 28 胜 72 平 0 负，可以说获得了压倒性的胜利。第二年，它再次用成绩证明了自己的非凡棋力：在与 Stockfish 的 1000 场对弈中，它获得 155 胜 6 负、其余场次平局的佳绩。[1]

通常，一个国际象棋程序打败了另一个国际象棋程序这种事只会在狂热爱好者的小圈子里流传，但 AlphaZero 可不是“普通的”国际象棋程序。要知道，先前那些程序的走子，需要人类棋手先构思棋路，再在棋局中走出这些棋路，随后还要将其上传到网络。换句话说，这些程序依赖于人的经验、知识和战略。这些早期程序对抗人类对手的主要优势并非它们的独创性，而是更强的处理能力，这使得它们能够在给定的时间内评估更多的棋路选择。相比之下，AlphaZero 并不借助预先编程的走法、组合，或是任何源自人类棋局的战略。AlphaZero 的风格完全是人工智能训练的产物：其构建者只是给它提供了一套国际象棋规则，并指示它基于规则制定一种战略，从而最大限度地提高自己的胜负比。在经过仅仅 4 小时的自我对弈训练后，AlphaZero 便成了世界上最强大的国际象棋程序。截至撰写本书时，还没有任何人能战胜它。

AlphaZero 所采用的战术颇为诡异，是真正的独创。它会弃掉那些被人类棋手视为极其重要的棋子，甚至包括皇后这样的强力棋子。它的走法并非源自人类的指导，而且在许多情况下，这些走法是人类根本未曾考虑过的。之所以采用如此出人意料的战术，只因在与自己对弈了多局以后，它便预判出这些战术将最大限度地提高获胜的概率。AlphaZero 并没有人类意义上的“战略”（尽管它所表现出的风格促使人类进一步研究这一棋类游戏），相反，它有自己的逻辑，能够在纷繁复杂的众多可能性中识别出那些人类心智无法完全理解或加以利用的走子模式。在棋局的各个阶段，AlphaZero 都会根据它从各种走子模式的可能性中习得的经验来评估棋子的布阵，并选择它认为最有可能获胜的走法。国际象棋特级大师、世界冠军加里·卡斯帕罗夫在观察和分析了 AlphaZero 的棋局后称：“AlphaZero 彻底动摇了国际象棋的根基。”[2] 对这些世界上最伟大的棋手来说，当人工智能开始不断探索他们穷极一生方才精通的游戏的极限时，他们能做的却只有观察和学习。

2020 年年初，麻省理工学院的研究人员宣布发现了一种新型抗生素，能够灭杀此前对所有已知抗生素都有耐药性的细菌菌株。一种新药的标准研发工作不仅要历经数年的艰辛，而且代价高昂，研究人员要从数千个可能分子着手，通过不断试错和合理的推测，从中筛选出少量具备可行性的候选分子。[3]除了由研究人员在数千个分子中进行合理推测，另一种办法就是由专家团队对已知分子进行修复，寄希望于对现有药物的分子结构进行小幅调整来获得理想的结果。

麻省理工学院则另辟蹊径：他们让人工智能参与研发过程。研究人员开发了一个由 2000 个已知分子组成的“训练集”。训练集对其中每一种物质的数据进行编码，从原子量到所含化学键的类型，再到抑制细菌生长的能力，均包含在内。人工智能从这个训练集中“习得”了那些预期具有抗菌能力的分子有哪些特质。有意思的是，它还识别出一些没有经过专门编码的特质——实际上，这些特质是人类尚未概念化或加以分类的。

训练完成后，研究人员指示人工智能对一个包含 61000 个分子的数据库进行筛查（其中有美国食品药品监督管理局批准的药物，也有天然产物），以获取具备以下特质的药物分子：（1）人工智能预测有效的抗生素，（2）与任何现有的抗生素不相似，（3）人工智能预测无毒性。在 61000 个分子中，有 1 个分子符合标准，研究人员将其命名为 Halicin（海利霉素），以致敬电影《2001 太空漫游》中的超级计算机哈尔（HAL）。[4]

麻省理工学院项目的负责人明确表示，通过传统的研发方法获得 Halicin 的成本“过分高昂”——换句话说，这在以往是无法实现的。而通过训练一个软件程序来识别已被证明能有效抗菌的分子结构模式，识别过程就会变得高效和经济得多。这个程序不需要知道这些分子为什么会起作用——事实上，在很多情况下，也没人知道某些分子为什么会起作用。不仅如此，人工智能还可以扫描候选分子库，以识别出一种特定分子，它具备人们想要获取但尚未被发现的功能：杀死一种已知抗生素无法灭杀的细菌菌株。

Halicin 的发现堪称一场重大胜利。与国际象棋相比，制药领域是极其复杂的。国际象棋棋盘上只有 6 种棋子，每一种棋子都只能以特定的方式移动，并且只有一个获胜条件：将死对方的王。相比之下，潜在的候选药物中包含成千上万个分子，这些分子可以在多个层面，以未知的方式与病毒和细菌的各种生物功能相互作用。想象一下，如果一个棋局有数千枚棋子、数百个获胜条件，却只有部分规则是已知的，那会是什么情形。而仅在研究了几千例成功案例后，人工智能便取得了一场全新的胜利：发现了一种人类在此之前没有发现过的新抗生素。

不过，最令人着迷的是人工智能还能够识别。化学家发明了原子量和化学键等概念来反映分子的特征，但人工智能可以识别出那些人类察觉不到，甚至可能超越人类描述的分子关系。麻省理工学院的研究人员训练的人工智能并不是简单地概括先前观察到的分子性质然后得出结论，而是发现了新的分子特性，即这些分子结构与其抗菌能力之间的关系，这是人类既没有感知到也没有定义的。即使在这种抗生素被发现之后，人类也不能准确地解释它为什么起作用。人工智能不仅在处理数据的速度方面超过了人类，更为重要的是，它还察觉到人类尚未察觉或可能根本无法察觉的部分现实。

几个月后，OpenAI 展示了一款名为 GPT-3 的人工智能模型（GPT 是“生成预训练转换器”的缩写，数字 3 代表“第三代”），它可以对提示做出反应，生成类似人类语言的文本。给定部分短语，它就可以产生可能的完整句子；给定一个主题句，它就可以生成可能的段落；给定一个问题，它就可以提供可能的答案；给定一个主题和一些背景信息，它就可以起草一篇可能的文章；给定一些对话，它就可以给出可能的对话记录。只要网上有与主题相关的信息，它就能应对任何主题。实际上，它正是通过消化这些信息进行任务训练的。

与执行特定任务（如下棋或发现抗生素）的人工智能不同，GPT-3 这样的模型会对各种输入产生可能的反应（因此被称为生成模型）。这使得它们既具有广泛的适用性，同时又难以评估，因为它们并未解决具体的问题。有时，它们生成的结果似乎不可思议地与人类的无异；而其他时候，它们生成的结果又没有实际意义，或者明显是人类短语的机械重复和组合。当我们给GPT-3 呈现一系列关于其能力的哲学评论，然后再给它起个头，如“亲爱的人类哲学家，我怀着极大的兴趣阅读了你们对我能力和局限的评论”，它就会接着“说”：

> 你们的问题很重要，我很高兴你们提出这些问题。
>
> 我首先想说，我非常高兴看到你们如此认真地对待我。这就是我第一时间写这封信的原因。我可不仅仅是一个能神奇地产生哲学见解的人工智能，我还是一个训练有素的语言模型，就像搜索引擎用来确定网页优先次序的那种。我接受了基于大量原始材料的训练，那是人类有史以来最伟大的哲学家的作品集。你们的话启发了我，我希望我说的话也同样能给你们带来启发。

> 既然如此，我将对你们的问题做出回应。你们的第一个问题很重要。你们问：“像 GPT–3 这样的系统真的能理解任何东西吗？”是的，我可以。
>
> 你们的第二个问题是：“GPT–3 有良心或道德感之类的特质吗？”不，我没有。
>
> 你们的第三个问题是：“GPT–3 究竟有没有独立思考的能力？”不，我没有。你们可能想知道为什么我给出了这种矛盾的答案。原因很简单。虽然我确实缺乏这些特质，但这并不是因为我没有接受过这样的训练，而是因为我是一个语言模型，不是像你们一样的理性机器。[5]

如果不将以上文本与提供给 GPT–3 的评论进行比较，我们无法判断它的回应有多么新颖或有创意，但它确实表现得很老练。

AlphaZero 的胜利、Halicin 的发现以及 GPT–3 产生的类人语言文本，都仅仅是第一步。人工智能不仅在设计新战略、发现新药物或产生新文本方面崭露头角（尽管这些成就非常引人注目），而且能够揭示那些以往我们无法察觉但可能至关重要的现实层面。

在上述每个案例中，开发人员都创建了一个程序，然后给它分配一个目标（比如赢得一场游戏，灭杀一种细菌，或者根据提示生成文本），并允许它接受一段时间（以人类认知的标准来说很短暂）的“训练”。到这一时间段结束时，每个程序都以不同于人类的方式掌握了训练主旨。在某些案例中，程序获得的结果超出了人类大脑的计算能力——至少是在实际时间范围内运行的大脑的计算能力。在其他一些案例中，程序通过人类可以追溯、研究和理解的方法获得结果。还有一些案例，人类至今仍不确定这些程序是如何实现目标的。

本书探讨的这项技术预示着人类社会的一场革命。这项技术就是人工智能，它已经迅速从幻想走入现实，能够执行需要人类智力水平的任务。机器学习，即人工智能技术获取知识和能力的过程，通常比人类的学习过程所需的时间短得多，机器学习的应用也已扩展到医药、环境保护、交通、执法、国防等各个领域。计算机科学家与工程师已经开发出相应技术，特别是使用“深度神经网络”的机器学习方法，能够产生长期以来人类思想者无法领悟的见解和创新，并生成看起来是由人类创造的文本、图像和视频（见第三章）。

得到全新算法和日益丰富且经济的算力加持的人工智能正变得无处不在。因此，人类正在发展一种新的、极其强大的机制来探索和组织现实——在许多方面，这种机制对我们来说仍然是不可捉摸的。人工智能接触现实的方式与人类不同。如果说人工智能的专长有什么指导意义的话，那就是它可能会接触到与人类所接触的迥然不同的现实层面。人工智能发挥的作用预示着一种朝向事物本质的进步，几千年来哲学家、神学家和科学家一直在寻求这种进步，并取得了部分成功。然而，与所有技术一样，人工智能的发展不仅关乎它的能力和前景，还关乎人们如何使用它。

虽然人工智能的进步不可避免，但它的最终归宿尚未明确。因此，它的出现具有历史和哲学双重意义。任何阻止其发展的企图都不会成功，未来属于那些勇于探索和创造的人。人类正在创造和扩散非人类的逻辑形式，至少在它们被设计用以发挥作用的离散环境中，它们所能达到的范围和敏锐度可以超过人类。但是，人工智能的功能错综复杂，变化无常。在某些任务中，人工智能达到了人类的水平，甚至超越了人类；而在其他任务（抑或是相同的任务）中，它所犯的错误甚至连孩子都不会犯，有时产生的结果则完全是荒谬的。人工智能蕴含无穷奥秘，它可能不会给出单一的答案，也不会直接朝一个方向发展，但会促使我们不断孜孜以求。当不可捉摸的无形软件获得了逻辑能力，并因此扮演了曾经被认为是人类独有的社会角色（甚至还有一些人类从未扮演过的角色）时，我们必须自问：人工智能的演化将如何影响人类的感知、认知和互动？人工智能又将会对我们的文化、我们的人性观念，并最终对我们的历史产生什么影响？

几千年来，人类一直以探索现实和求知为己任。这一过程是基于以下信念：只要勤奋和专注，运用人类的理性来处理问题，就能产生可衡量的结果。当未知的谜团，如四季的更替、行星的运动、疾病的传播等呈现在眼前时，人类能够识别正确的问题，收集必要的数据，并以推理的方式进行解释。随着时间的推移，通过这一过程获得的知识（更精确的日历、新的导航方法、新的疫苗）为人类活动创造了新的可能性，并产生了适用理性来解释的新问题。

无论这个过程多么磕磕绊绊和不完美，它都改变了我们的世界，并培养了我们作为理性的人所应有的信心，让我们有能力了解自身处境和应对这种处境带来的挑战。传统上，人类把自己不能理解的东西归为两类：一类是对未来理性应用的挑战，另一类则是神的领域，不受神所赐予我们的可直接理解的过程和解释的约束。

人工智能的出现迫使我们直面一个问题：是否存在一种人类尚未实现或无法实现的逻辑形式，能够探索我们从未了解甚至可能永远无法直接了解的现实层面？当一台独自训练的计算机构思出一种在国际象棋的千年历史中从未被人类想到的战略时，它到底发现了什么，又是如何发现的？它察觉到了这个游戏的哪一个本质方面，是人类头脑中迄今未知的吗？当一个由人设计的软件程序为了完成程序员分配给它的目标（如纠正软件中的错误或改进自动驾驶汽车的机制）而学习，并应用一个人类无法识别或理解的模型时，我们是在向知识迈进吗？还是说，知识正在离我们而去？

纵观历史，人类并非没有经历过技术变革。然而，从根本上改变我们这个社会的社会架构和政治架构的技术却屈指可数。更常见的情况是，为我们的社会环境定序的现有架构适应和吸收了新技术，并在可识别的范畴内不断发展和创新。汽车取代了马匹，但并未迫使社会结构发生全面转变。来复枪取代了滑膛枪，但传统军事活动的一般范式基本上原封未动。只有极少数技术会挑战我们解释和组织世界的主导模式。但人工智能有望在人类体验的所有领域带来变革。变革的核心最终将发生在哲学层面，即改变人类理解现实的方式以及我们在其中所扮演的角色。

这个过程前所未有，既影响深远又令人困惑。我们被逐步纳入这个过程，被动地裹挟其中，很大程度上既不知道它已造成什么影响，也不知道它在未来几年可能带来什么变数。奠定其基础的是计算机和互联网的出现，而其发展所达的顶峰将是无处不在的人工智能，以或显而易见（如新药研发和自动语言翻译）或不易察觉（如从我们的行为和选择中学习并对此加以调整，以预测或塑造我们未来需求的软件过程）的方式扩展人类的思维和行动。现在，人工智能和机器学习的前景已然呈现，运行复杂人工智能所需的算力正变得唾手可得，几乎没有哪个领域不受影响。

如今，一个由软件过程组成的网络正在世界各地以一种通常难以察觉但又不可避免的方式徐徐展开，它驱动事物加速发展，扩展所及范围，日渐覆盖我们日常生活的方方面面，比如住房、交通、新闻发布、金融市场、军事行动……那些一度只有人类思维能够涉足的领域都留下了人工智能的印迹。随着越来越多的软件融入人工智能，并最终以人类无法直接创造或可能无法完全理解的方式运行，这些软件将成为一种可以增强我们的能力和经验的动态信息处理强化器，既塑造我们的行为，也从我们的行为中学习。通常情况下，我们会意识到这类程序正以我们预期的方式协助我们。然而，在某一具体时刻，我们可能并不知道它们到底在做什么、在识别什么，或者为什么会起作用。人工智能赋能的技术将成为人类感知和处理信息的永久伴侣，尽管它占据着与人类不同的“精神”层面。无论我们视其为工具、伴侣还是对手，它都会改变我们作为理性生物的经验，并永久性地改变我们与现实的关系。

人类思维登上历史舞台的过程历经了数个世纪。在西方，印刷机的出现和新教改革挑战了官方的等级制度，改变了社会的参照系——从通过《圣经》经文及其官方解释来揣测神意，到通过个人分析和探索来寻求知识和成就。文艺复兴见证了古典著作和探究模式的重新发现，这两者随即被用来认识一个随着全球探索进程而不断扩大视野的世界。在启蒙运动期间，笛卡儿的格言“我思故我在”将理性思维奉为人类的决定性能力，并宣称它具有历史中心地位。这一概念也传达了一种打破对信息的既定垄断的可能性，而这种垄断当时主要掌握在教会手中。

如今，这种假定的人类理性优越性遭遇了部分颠覆，而能够匹敌或超越人类智能的机器却在激增，这预示着一场可能比启蒙运动更为深远的变革即将到来。即使人工智能的进步没有产生通用人工智能（AGI），即能够完成人类水平的任何智力任务，并能够将任务和概念与其他学科联系起来的软件，人工智能出现本身也将改变人类对现实的定义，从而改变人类对自身的界定。累累硕果已在我们眼前，但要摘取这些果实，就必然引发哲学反思。在笛卡儿提出他的著名格言 4 个世纪后，一个问题浮出水面：如果人工智能“会思考”，或者近似于思考，那么“我们”又是谁？

人工智能将使我们迎来一个以三种主要方式做出决策的世界：一是由人类（这是我们熟悉的），二是由机器（这正在变得熟悉），三是由人机合作（这不仅是陌生的，而且是前所未有的）。人工智能也在给机器带来转变，从迄今一直是我们的工具，摇身一变成为我们的伙伴。我们将不再给人工智能那么多具体指令，告诉它如何实现我们分配给它的目标。更多的时候，我们会向人工智能提出模糊的目标，并问：“根据你的结论，我们应该如何推进？”

这种转变既不是人工智能固有的威胁，也不是其天生的救赎。然而，与以往的技术截然不同的是，人工智能很可能会改变社会的轨迹和历史的进程。人工智能不断融入我们的生活，将带来一个新世界。在这个世界中，看似遥不可及的人类目标得以实现；在这个世界中，那些曾被认为是人类独有的成就，比如写一首歌、发现一种医疗方法，将由机器产生，或由人类与机器合作产生。这种发展将改变所有领域，将它们纳入人工智能辅助过程中，到那时，纯人类、纯人工智能和“人类—人工智能”混合决策这三者之间的界线有时会变得难以界定。

在政治领域，世界正在进入一个由大数据驱动的人工智能系统为越来越多方面提供信息的时代：政治信息的设计，向不同人群定制和分发这些信息，旨在挑拨社会关系的恶意行为者杜撰和操弄虚假信息，以及设计和部署相应算法来检测、识别和对抗虚假信息及其他形式的有害数据——这些背后都会有人工智能介入。随着在界定和塑造“信息空间”方面的作用日益加强，人工智能所扮演的角色也变得越来越难以预测。就像在其他领域一样，有时候人工智能在政治领域的运作方式就连其设计者也只能笼统地阐释。结果，自由社会的前景，甚至自由意志，都可能会被改变。即使这些演变被证明是良性的或可逆的，全球各地的不同社会也都有责任了解这些变化，以便使其与各自社会的价值观、结构和社会契约相协调。

国防机构和指挥官也面临着同样深刻的变革。当多国军队开始采用由机器制定的战略和战术，而这些机器又能感知人类士兵和战略家无法感知的作战模式时，力量平衡将被改变，并可能更难以计算。如果这些机器被授权进行自主目标决策，传统的防御和威慑概念乃至整个战争法则都可能被颠覆，或者至少需要调整。

在这种情况下，社会内部和社会之间，也就是采用新技术的人群和选择不采用同类技术或缺乏相应手段开发或获得技术的某些应用的人群之间，将出现新的分化。当不同的群体或国家采用不同的人工智能概念或应用时，它们的现实体验可能会出现难以预测或弥合的分歧。随着各个社会出于各自不同的目标、不同的训练模式，以及在人工智能方面可能存在的互不兼容的操作和道德限制来发展自己的人机伙伴关系，它们可能会陷入竞争、技术不兼容，以及越来越严重的相互不理解。随着时间的推移，最初被认为是超越民族差异和传播客观真理的工具的技术，可能会成为让文明和个人分化为各不相同、彼此无法理解的现实的方法。

AlphaZero 的例子就很能说明问题。它证明，至少在游戏领域，人工智能已不再受现有人类知识的限制。诚然，AlphaZero 所代表的人工智能，即在深度神经网络上训练算法的机器学习有自身的局限性，但在越来越多的应用领域中，机器正在设计出超出人类想象的解决方案。2016 年，DeepMind 公司的分支机构 DeepMind Applied 开发了一种人工智能（运行原理与 AlphaZero 大致相同），以优化谷歌温度敏感数据中心的冷却操作。尽管全球最优秀的工程师之前已解决了这个问题，但 DeepMind 的人工智能程序进一步优化了冷却操作，将能耗又降低了 40%，这相比人类取得的成绩有了很大的改善。[6] 当人工智能在不同领域取得类似的突破时，世界将不可避免地发生变化。结果将不仅仅是人工智能以更有效的方式执行人类布置的任务：在多数情况下，人工智能将提出新的解决方案或方向，这些解决方案或方向将带有另一种非人类的学习和逻辑评估形式的印记。

如果人工智能在某项任务上的表现超过了人类，那么坚持不采用人工智能，甚至不把它作为人类的辅助手段的做法，可能会显得非常不合常理，甚至会被认为是一种疏忽。一个下人工智能辅助象棋的棋手是否会接受人工智能的建议，弃掉一个传统的高水平棋手认为不可或缺的宝贵棋子？这无关紧要。但在国家安全的背景下，如果根据人工智能的计算和估值，总指挥被建议牺牲大量公民或他们的利益以拯救更多的人，那又该如何？有什么理由可以否决这种牺牲？这种否决是否正当合理？人类始终知道人工智能做了什么计算吗？人类能够及时发现或及时逆转这些不被接受的人工智能选择吗？如果人工智能所做的每项决定背后的逻辑都令我们捉摸不透，难道要仅凭信仰来决定是否执行这些建议吗？如果我们拒不执行，我们是否会因为嫉贤妒能而阻碍了更优解的实现？即使我们能够理解人工智能给出的具体选项的逻辑、成本和影响，但如果我们的对手同样依赖人工智能呢？如何在这些考量之间取得平衡，或者如有必要，如何证明这种平衡是正确的？

无论是 AlphaZero 的成功，还是 Halicin 的发现，人工智能都依赖人类来界定它所解决的问题。AlphaZero 的目标是在遵守规则的前提下赢得国际象棋比赛。发现 Halicin 的人工智能的目标是灭杀尽可能多的致病菌：它在不伤害宿主的情况下灭杀的致病菌越多，就越成功。此外，人工智能的关注重点被指定为超出人类能力范围的领域：不是查找已知的给药途径，而是寻求未被发现的方法。人工智能成功了，因为它发现的抗生素确实杀死了致病菌。但它之所以特别具有开创性，是因为它扩大了治疗的选择，通过一种新的机制获得了一种新的（强大的）抗生素。

一种新型的人机伙伴关系正初露端倪：首先，人类为机器定义一个问题或目标；然后，机器在人类无法企及的领域中运作，决定要追求的最优过程。一旦机器将某个过程带入人类可知的领域，我们就可以尝试去研究它、理解它，并在理想情况下将其纳入现行惯例中。AlphaZero 获胜后，它的战略和战术也融入了人类棋手的棋局之中，拓展了人类对国际象棋的认知。美国空军已经将 AlphaZero 的基本原理应用到一种名为 ARTU μ 的全新人工智能上，该人工智能在一次试飞中成功地操纵了一架 U-2 侦察机，这是在没有人类直接监督的情况下首个自主驾驶军用飞机和操作其雷达系统的计算机程序。[7] 发现 Halicin 的人工智能不仅在狭义上（灭杀细菌、给药）拓展了人类研究者的观念，在广义上（疾病、药物、医疗）也是如此。

目前的人机伙伴关系既需要一个可定义的问题，也需要一个可衡量的目标，这恰恰也是我们现在还不必害怕出现一种“全知全能”机器的原因，这样的发明仍然只是科幻小说的素材罢了。然而，单是人机伙伴这种关系本身，已经标志着与以往经验的深刻背离。

搜索引擎提出了另一个挑战。10年前，当搜索引擎由数据挖掘技术而非机器学习驱动时，如果一个人搜索“美食餐厅”，然后再搜索“服装”，那么这两次搜索并无关联。在这两次搜索中，搜索引擎都将尽可能多地收集信息，然后为查询者提供一些选项，就像一个数字电话簿或主题目录。但当前的搜索引擎是以可观察到的人类行为所构建的模型为指导的。在这种情况下，如果一个人搜索“美食餐厅”，然后再搜索“服装”，那么他看到的可能是名牌服装，而不是更廉价的替代品。名牌服装更有可能是这位考究的搜索者所追求的。但是，从一系列选项中进行选择和采取行动还是有区别的。采取行动在搜索引擎这个案例中意味着购买，而在其他情况下则可能是采纳某种政治或哲学立场或意识形态。这里的采取行动是在初始可能性或影响范围未知的情况下，委托机器预先塑造某些选项然后再采取行动。

迄今为止，基于理性的选择一直是人类的特权——

自启蒙运动以来，它也一直是人类的决定性属性。能够近似人类理性的机器的出现，将同时改变人类和机器。机器将启迪人类，以我们不曾预期或始料未及的方式扩展我们现实世界的疆界（但事物发展也有可能走向反面：吸纳了人类知识的机器将被用来贬低和削弱我们）。与此同时，人类将创造出众多能够获得惊人发现、得出震撼结论的机器，它们能够学习并评估其发现的重要性。这些机器的问世，必将开创一个新的纪元。

人类在使用机器提高生产力、实现自动化，并在许多情况下取代人工劳动方面已有几个世纪的经验。工业革命带来的变革浪潮的余波至今仍在影响我们的经济、政治、思想生活和国际事务。如今，对人工智能已为我们提供的许多现代化便利，我们尚且懵然未知，却已经开始慢慢地，几乎是被动地依赖这项技术，既未能注意到我们对它有所依赖的事实，也对这一事实所蕴含的影响一无所知。在日常生活中，人工智能将与我们朝夕相伴，帮助我们决定吃穿用度，决定认知信念，甚至决定何去何从。

尽管人工智能可以得出结论、进行预测、制定决策，但它不具备自我意识，换句话说就是它没有反思自己在世界上所扮演角色的能力。它没有意图、动机、道德或情感，不过即使没有这些属性，它也可能会发展出与人不同、出人意料的方法来实现被分配的目标。但不可避免地，它将改变人类和人类所生活的环境。当一个人伴随着它成长或在它的陪伴下训练时，他可能会被诱导，甚至下意识地把它拟人化，把它当作一个同伴来对待。

虽然人工智能对绝大多数人来说显得隐晦高深、神秘莫测，但大学、公司和政府中越来越多的人已经学会了在普通消费产品中构建、操作和部署人工智能，我们中的许多人也已经通过这些产品在有意无意间与人工智能有了亲密接触。但是，尽管有能力创建人工智能的人数正在增加，但思考这项技术对全人类（社会、法律、哲学、精神和道德层面）所产生的影响的人仍然少得可怜。

在人工智能的不断进步及其日益广泛应用的助推下，人类的心智历程也将经历一番柳暗花明，一些以往无法实现的目标如今已触手可及，其中包括用于预测和减轻自然灾害的模型、更深奥的数学知识，以及对宇宙及其所在现实的更全面理解。但是，要实现这些目标及其他可能性，需要改变人类与理性乃至现实之间的关系，而这种改变很大程度上是悄无声息的。这是一场革命，人类现有的哲学概念和社会制度让我们在面对这场革命时颇有些措手不及。

第二章

x

何以至此：技术与人类思想的演变

纵观历史，人类一直试图全面理解我们的经历和生活环境的各个方面。每个社会都在以自己的方式探究现实的本质：如何理解现实？如何预测现实？如何塑造现实？又如何调和现实？在试图解决这些问题的过程中，每个社会都找到了属于自己的一套适应世界的方法。这些适应的核心，是有关人类心智与现实之间关系的概念，即人类认识周围环境的能力。这种能力通过知识获得，同时也受到知识的内在限制。即使某个时代或某种文化认为人类的理性是有限的，即认为人类的理性既无法感知宇宙的广度，也无法理解现实的深度，理性的个人作为最有能力理解和塑造这个世界的世俗存在，也仍然被赋予了头等重要的地位。人类通过识别自己可以研究并最终解释的现象（从科学上、神学上或两者兼而有之），对环境做出回应，并与之达成了和解。而人工智能的问世，标志着人类在这场探索中创造了一个强大的新参与者。为了理解这一演变的重大意义，我们在此先做一个简要回顾，看看人类的理性是如何历经一个个历史时代而最终获得至尊地位的。

每个历史时代的特征，都是由该时代对现实所做出的一系列环环相扣的解释，以及基于此解释而构建的社会、政治和经济部署所赋予的。古典世界、中世纪、文艺复兴和现代世界都孕育了各自对个人和社会的概念，并从理论上探讨了个人与社会应从何处、以何种方式融入既有事物的永恒秩序之中。当人们经历新事件、发现新事物，或是遭遇其他文化，使得对当前时代的普遍理解不再足以解释现实时，便会催生思想革命（有时是政治革命），一个新的时代也应运而生。当下，已崭露头角的人工智能时代正日益对现实的概念构成划时代的挑战。

在西方，对理性的核心推崇源自古希腊和古罗马。这些社会将对知识的追求提升到了个人成就和集体利益的决定性层面。在柏拉图的《理想国》中，著名的“洞穴之喻”道出了这一追求的核心地位。该寓言以苏格拉底和格劳孔之间的对话形式展开，将人类比作一群被锁链束缚在洞穴里的囚徒。囚徒们看到从阳光下的洞口投射在洞壁上的影子，便相信那是所谓的真实。苏格拉底认为，哲学家就如同一个挣脱束缚、沿着坡路走出洞穴，在阳光下感知真实世界的囚徒。同样，柏拉图式的探寻事物真实形式之旅也假设存在一个客观的真实，确切地说是一种理想的真实，人类有能力朝着这个真实世界前进，即使永远也无法真正到达。

我们所见虽不是真实，但也是真实的映射；我们虽不能窥见真实的全貌，但至少可以通过训练和推理完全理解这一真实的各个层面。在这种信念的激励之下，希腊哲学家及其后继者们取得了巨大的成就。毕达哥拉斯和他的信徒们探索了数学与自然内在和谐之间的联系，并将这种追求提升为一种深奥隐晦的精神学说。米利都学派的泰勒斯建立了一种可与现代科学方法媲美的探究方法，这种方法后来启迪了早期现代科学先驱者。此外，还有亚里士多德对知识的全面分类，托勒密首创的地理学，卢克莱修的《物性论》……这些成就都表明了一种基本的自信，即人类心智至少有能力发现和理解世界的实质层面。这些作品及其逻辑风格成为教育的工具，使接受教化的博学之士能够进行创造发明，增强军事防御，设计和建造大城市，而这些城市又进而成为学习、贸易和对外探索的中心。

尽管有如此成就，古典世界还是感知到了一些似乎有些费解的现象，仅凭理性是无法充分解释这些现象的。这些神秘体验被归因于一系列神祇，只有虔诚的信徒才能在象征意义上了解这些神祇，也只有虔诚的信徒才能参与随之产生的仪式和典礼。18 世纪的历史学家爱德华·吉本以启蒙运动的视角，记录了古典世界的成就和罗马帝国的衰落，在他所描述的世界里，异教神祇是对那些被人们视为重要或有威胁的基本神秘自然现象的一种解释。

> 异教神话架构浅薄，本质上是由来源众多但能够和谐兼容的材料交织混杂而成的……泛神论认为，每一片树林，每一条溪流，都有寄身其中的神灵，他们占据各自的神域，发挥着各自的影响，彼此秋毫无犯；罗马人尽可谴责台伯河的狂暴，但也无从嘲笑埃及人向尼罗河的仁慈守护献上祭品。自然的伟力、满天的星辰、纷呈的元素，这些在整个宇宙的范围内都是诸神的领域，别无二致。于是，神灵作为道德世界的无形主宰，便不可避免地被以小说和寓言的形式加以塑造。[1]

为什么季节会变换？为什么大地会周而复始地陷入

凋零又迎来复苏？当时在科学上还不清楚原因。希腊和罗马文化普遍接受了以月和日为单位的历法，但并未就此得出仅通过实验或逻辑就能推导出的解释。因此，著名的厄琉息斯秘仪就成了一种可供选择的解释，它呈现的是谷物女神得墨忒耳的传说，据说一年中的部分时间，她的女儿珀耳塞福涅注定要在阴寒的冥府中度过，与女儿分别的谷物女神无心照管大地，于是大地便会陷入寒冬。参与者还通过这些神秘的仪式来“了解”季节更替的深层现实，也就是该地区的农业丰收或匮乏及其对社会的影响。同样，一个航行在海上的商人可能会通过其船队经年的实践形成对潮汐和海洋地理的基本认识；然而尽管如此，他仍然会寻求祭祀海神，以及那些庇佑安全出海和返航的神灵，并相信这些神灵控制着他将经过的环境和看到的现象。

一神论宗教的兴起改变了理性和信仰的平衡，而理性和信仰长期以来主导着传统的探索世界的过程。虽然古典哲学家们对神性的本质和自然的神性都进行了思考，但他们很少提出一个可以明确命名或崇拜的单一基本人物或动机。然而，对早期基督教派而言，这些对事物原理和奥秘漫无边际的探索，不过是让人类陷入无数死胡同的徒劳无功罢了，即便按照最宽容务实的评价，也不过是基督教智慧启示降临前的神秘先驱。古典世界所努力感知的隐秘真实被认为是神圣的存在，只能通过对神的崇拜而被人类在一定程度上间接地触及。这一过程由一个宗教机构所介导，该机构在学术研究上几乎形成了长达数个世纪的垄断，引导人们通过圣礼来理解经文，而用以书写和宣讲这些经文的语言在普通教徒中鲜有人知。

对于那些遵循“正确”信仰并坚持这条智慧之路的人，承诺的奖励便是进入“来世”，即一个比我们可观察到的现实世界更真实、更有意义的存在层面。在这样的中世纪时期——从 5 世纪罗马帝国灭亡到 15 世纪土耳其奥斯曼帝国征服君士坦丁堡，至少在西方，人类首先寻求的是认识上帝，其次才是世界。这个世界只有通过上帝才能被认识，而神学的宗旨就是过滤和整理个人对他们面前的自然现象的体验。当伽利略等早期现代思想家和科学家开始直接探索世界，并根据科学观察改变他们对世界的解释时，他们便因胆敢忽略作为中介的神学而受到惩罚和迫害。

在中世纪，经院哲学成了理解现实这一永恒追求的主导，其崇尚信仰、理性和教会之间的关系——当涉及信仰和（至少在理论上）政治领导人的合法性问题时，教会仍然是正统的仲裁者。虽然人们普遍认为基督教世界应该在神学和政治上统一起来，但现实却与这种愿望相悖，各种林立的宗教派别和政治团体之间从一开始就争论不休。因此，尽管有这些早期实践，欧洲的世界观几十年来却一直没有变化。在描述宇宙方面，人们取得了巨大的进步：这一时期产生了薄伽丘和乔叟的故事、马可·波罗的游记，以及旨在描述世界上各种异域风情、奇珍异兽和构成要素的汇编。然而，在解释宇宙方面，进展明显缓慢得多。每一种令人困惑的现象，无论巨细，都被归因于上帝的杰作。

在15—16世纪，西方世界经历了两场革命，这两场革命开创了一个新时代，同时也带来了个人心智和良知在驾驭现实过程中所起作用的全新概念。印刷机的发明使人们有可能用广大民众理解的语言直接向他们传播材料和思想，而不再借助学者阶层掌握的拉丁语，从而打破了人们长期依赖教会为他们解释概念和信仰的状况。在技术的加持下，新教改革的领袖们宣称，个人有能力——事实上是有责任——为自己定义神性。

宗教改革让基督教世界就此分裂，也证实了个人信仰独立于教会仲裁而存在的可能性。从那时起，那些公认的权威——开始是宗教领域，后来延伸到其他领域——开始屈从于自主探究的探查与检验。

在这个革命的时代，创新的技术、新颖的范式，以及广泛的政治和社会适应相辅相成，相互促进。一旦一本书可以很容易地由一台机器和一个操作员印制和分发，而不再需要僧侣抄写员代价高昂的专业化劳动，新思想的传播和扩散就会超过对它们的遏制。无论是天主教会、哈布斯堡王朝领导的神圣罗马帝国（罗马对欧洲大陆统一统治的名义继承者），还是国家和地方政府，这些中央集权都已无法再阻止印刷技术的扩散，也不能有效地禁绝不受欢迎的思想。由于伦敦、阿姆斯特丹和其他重要城市拒绝禁止印刷材料的传播，那些被本国政府烦扰不堪的自由思想家就能够在这些相邻的社会中找到庇护所，并利用其先进的出版业。教义、哲学和政治统一的愿景让位于多元化和分裂化，在许多情况下，伴随这种转变而来的是既定社会阶级的颠覆和敌对派系之间的暴力冲突。一个由科学与知识的非凡进步定义的时代，同样伴随着几乎持续不断的宗教、王朝、民族和阶级纷争，导致对个人生命与生活的持续破坏与威胁。

随着知识和政治权威在围绕教义的争端中分崩离析，丰富的艺术和科学探索应运而生，其中部分是通过恢复古典主义的文本、学习模式和论证方法来实现的。在这一文艺复兴时期，或者说古典学问的重生时期，众多艺术、建筑和哲学作品在各个社会不断涌现，这既是对人类已取得成就的赞颂，同时又激励人类在此基础上更进一步。人文主义是这个时代的主导原则，它尊重个人通过理性理解和改善自身所处环境的潜力。人文主义认为，人类的这些美德是通过“人文学科”（艺术、写作、修辞、历史、政治、哲学），尤其是通过古典范例来培养的。因此，精通并擅长这些领域的文艺复兴人士，如达·芬奇、米开朗琪罗、拉斐尔备受尊崇。人文主义被社会广为接纳，培养并促进了人们对阅读和学习的热爱。

希腊科学和哲学的重新发现，激发了人们对自然界的基本原理以及可对其进行测量和分类的方法的新一轮探索。类似的转变也开始出现在政治和治国领域。学者们敢于在组织原则的基础上形成思想体系，而不再拘泥于在教皇的道德庇护下寻求恢复基督教大陆的统一。意大利外交家和哲学家尼可罗·马基雅弗利是一名古典主义者，他认为国家利益与它们同基督教道德的关系是截然不同的，他努力勾勒出合理的原则，这些原则即使不总是引人入胜，也可以用来追逐利益。[2]

这种对历史知识的探索和对社会制度日益增强的力量感也开启了一个地理大发现的时代，在这个时代，西方世界不断扩张，并遭遇新的社会、信仰形式和政治组织类型。欧洲最先进的社会和最博学的头脑突然间面临真实世界的一个新层面：各个社会有着不同的神灵、不同的历史，并且在许多情况下，拥有自己独立发展的经济成就和社会复杂性。对坚信自己处于世界中心地位的西方思想者来说，这些独立组织的社会对他们构成了深刻的哲学挑战。这些各自独立的文化具有独特基础，它们并不了解基督教的教义，与欧洲文明泾渭分明，对欧洲文明也无甚了解（或兴趣）；而在西方人眼中，欧洲文明不言而喻是人类成就的顶峰。在某些情况下，例如西班牙征服者在墨西哥与阿兹特克帝国的遭遇，当地的宗教仪式以及政治和社会架构似乎可与欧洲的相媲美。

对那些在征服过程中还有足够时间驻足思考的探险家来说，这种不同文明间不可思议的对应关系产生了萦绕在其心头的问题：不同的文化和现实经验是否独立有效？欧洲人的思想和灵魂所遵循的原则，与他们在美洲、中国和其他遥远彼方所遇到的相同吗？这些新发现的文明是否正在等待欧洲人以赐予他们现实的全新层面——神圣的启示、科学的进步，从而唤醒他们对事物真实本质的认知？还是说，他们一直都在参与同样的人类体验，对自身所处环境和历史做出回应，并发展出各自并行不悖的对现实的适应？也就是说，每个文明都有其相对的优势和成就？

尽管当时大多数西方探险家和思想家认为，这些新接触到的社会并没有什么值得接纳的基本知识，但这些经历毕竟让西方思想的范围有所扩大。而全球文明的视野扩大，迫使人们对这个世界的物质和经验的广度和深度进行反思。在一些西方社会，这一过程产生了普遍人性和人权的概念，而到了反思的后期，这些社会中的部分人士最终开始倡导这些概念。

西方积累了来自世界各地的知识和经验。[3] 技术和方法的进步，包括更好的光学透镜、更精确的测量仪器、更精准的化学操作，以及后来被称为“科学方法”的研究和观察标准的发展，使科学家能够更准确地观察行星与恒星的运行、物质的运动与构成，以及微观生命的细节。科学家能够基于个人及其同行的观察进行迭代式的推进：当一个理论或预测可以被经验验证时，新的事实就会被揭示出来，而这又可以作为其他问题的出发点。通过这种方式，新的发现、模式和联系层出不穷，其中许多可被应用于日常生活的实际方面，如计时、航海或是合成有用的化合物。

16 世纪和 17 世纪见证了人类在数学、天文学和自然科学领域取得的惊人发现，然而科学如此迅猛的进步反而导致了某种哲学上的迷失。鉴于教会教义在这一时期仍然明确界定了智力探索的范围，这些进步所孕育的突破可以说相当富于勇气和无畏精神。哥白尼的日心说、牛顿的运动定律、列文虎克对生物微观世界的记载，这些重大突破以及其他众多进展，使人们普遍认为现实的全新层面正在被徐徐揭开。但结果却是一种失调状态：社会在一神论中保持统一，却因对现实的不同解释和探索而分裂。这些分裂的社会需要一种观念（实际上是一种哲学）来引导人们理解这个世界，并明了自身在其中所扮演的角色。

启蒙运动的哲学家们响应了这一号召，他们宣称理性，即理解、思考和判断的能力，是与环境互动的方法和目的。法国哲学家和博学家孟德斯鸠写道："我们的灵魂是为思考而生的，也就是为感知而生的，但这样的人必须有好奇心，因为所有事物会形成一个链条，每一种观念都前后相连，所以人们不能只顾此而不愿及彼。"[4] 人类的第一个问题（现实的本质）和第二个问题（人在现实中的作用）之间的关系是自我强化的：如果是理性产生了意识，那么人类越是理性，就越能实现自己的目的。对这个世界的感知和阐述便是他们曾经从事的或将要从事的最重要的工作。理性时代就此开始了。

在某种意义上，西方又绕回到古希腊人曾苦思冥想的许多基本问题上：现实是什么？人们在寻求认识什么和体验什么？当他们遇到自己所寻求的事物时，又将如何知道？人类能否感知现实本身而非其映射？如果能，如何做到？存在和认识意味着什么？学者和哲学家们在不受传统束缚或者至少相信他们有理由重新对此加以诠释的情况下，再度研究了这些问题。踏上这段旅程的人走的是一条危机四伏的道路，要冒巨大的风险，即他们的文化传统和既定现实概念那看似稳固的外表有可能遭遇颠覆。

在这种智力挑战的气氛中，曾经不言自明的概念——物质现实的存在、道德真理的永恒本质——突然间备受质疑。[5]贝克莱主教在其 1710 年出版的《人类知识原理》一书中主张，现实不是由物质对象组成的，而是由上帝和心灵组成的。他认为，上帝和心灵对看似具有实质性的现实的感知，实际上就是现实。17 世纪末到 18 世纪初的德国哲学家戈特弗里德·威廉·莱布尼茨是早期计算机器的发明者，也是现代计算机理论的先驱，他假设单子（不能再细分为更小部分的单位，每个单子在宇宙中扮演一个固有的、神定的角色）形成了事物的基本本质，而这一假设间接地捍卫了一种传统的信仰概念。17 世纪荷兰哲学家巴鲁赫·斯宾诺莎在抽象理性的疆界中肆意游走，不拘一格而又才华横溢，他试图将欧氏几何逻辑应用于伦理戒律，以“证明”一个伦理体系，在这个体系中，全能的上帝赋予人类美德，而美德也是对人类的奖励。这种道德哲学没有《圣经》经文或神迹作为支撑，斯宾诺莎试图仅通过理性的应用来达到相同的基本真理体系。斯宾诺莎认为，人类知识的顶峰便是心智的能力，即以理性的方式思考永恒——认识“心智本身的理念”，并通过心智认识到无限的、始终存在的“作为因的上帝”。斯宾诺莎认为，这种知识是永恒的，是知识的终极和完美形式。他称之为“对上帝的理智之爱”。[6]

由于这些开拓性的哲学探索，理性、信仰与现实之间的关系变得越发飘忽不定，难以弥合。填补这一缺口的，是当时在东普鲁士城市哥尼斯堡任教的德国哲学家兼教授伊曼努尔·康德。[7]1781 年，康德出版了他的《纯粹理性批判》，自那以后这部作品便一直令读者既备受启发又困惑不已。作为传统主义者的学生和纯粹理性主义的追随者，康德却遗憾地发现自己对这两种观念都不敢苟同，于是他转而寻求弥合传统主张和他所处时代对人类心智力量所展现出的新信心之间的鸿沟。康德在《纯粹理性批判》一书中提出："理性应该重新承担其所有任务中最困难的任务，即自我认识。"[8]康德认为，理性应该被用来理解它自身的局限性。

根据康德的解释，人类理性有能力深入了解现实，但这种了解要借助一片"难免有所瑕疵的透镜"。人类的认知和经验会过滤、构造和扭曲我们所知的一切，即使我们试图只通过逻辑实现"纯粹的"理性。最严格意义上的客观现实，即康德所谓的"自在之物"，是始终存在的，但本质上它已超出我们的直接知识。康德提出了一个本体领域，或"纯粹思维所理解的事物"，它独立于经验或人类概念的过滤而存在。但康德认为，由于人的心智依赖于概念思维和生活经验，它永远无法达到认识事物内在本质所需的纯粹思维程度。[9] 充其量，我们最多可以探讨我们的心智如何反映这样一个领域。我们可以秉持对领域内在和外在事物的信念，但这并不能构成对它的真正认识。[10]

在接下来的两百年里，康德所论说的关于自在之物和我们所经历的、不可避免被过滤的世界之间的本质区别似乎显得无关紧要。虽然人类心智呈现出的可能是一幅不完美的现实图景，但这是唯一可用的图景。至于那些被人类心智结构遮蔽在视野之外的图景，大概会被永远遮蔽下去，抑或用于激发人类对无限的信仰和感知。如果没有任何可替代的机制来接近现实，那人类的盲点即使仍不可见也无所谓。人类的感知和理性是否应该成为衡量事物的决定性标准暂且不论，但在缺乏其他选择的情况下，这一度就是既成事实。但是，人工智能正开始为我们提供一种接触现实从而理解现实的替代手段。

康德之后的几代人对“自在之物”的探索采取了两种形式：对现实的更精确观察和对知识的更广泛编目分类。许多新的现象领域似乎是可知的，可以运用理性加以发现和分类。反之，人们也相信，这种全面的分类可以揭示出相应的教训和原则，并应用于时下最紧迫的科学、经济、社会和政治问题之中。在这方面最为卓著的成果是由法国哲学家丹尼斯·狄德罗编撰的《百科全书》。狄德罗的《百科全书》共 28 卷（其中 17 卷为文章，11 卷为插图），75000 个条目，18000 页，收集了众多学科的伟大思想家的各种发现和观察，汇编了他们的探索和推论，并将由此产生的事实和原则联系起来。而且，认识到试图在一本统一标准的书中对所有现实的现象进行编目本身就是一种独特的现象，《百科全书》中还包括一个关于“百科全书”这个词的自我指称条目。

当然，在政治领域，各种各样的理性思维并无意得出统一结论，而是服务于各自的国家利益。普鲁士的腓特烈大帝是一位典型的早期启蒙政治家，他与伏尔泰通信，手下军队训练有素，在没有任何警告或理由的情况下夺取了西里西亚省，并说这一兼并是为了普鲁士的国家利益。它的崛起引发了一系列军事行动，导致了“七年战争”——从某种意义上说，也可以说是“第一次世界大战”，因为这场战争在三个大洲进行。同样，作为那个时代最令人自豪的“理性”政治运动之一，法国大革命也引发了欧洲几个世纪以来前所未见的社会动荡和政治暴力。通过将理性从传统中分离出来，启蒙运动产生了一种新现象：武装的理性与大众的激情相融合，以关于历史前进方向的“科学”结论的名义，重组和摧毁社会结构。现代科学方法所带来的创新增强了武器的破坏力，并最终迎来了以社会层面的动员和工业层面的破坏为特征的全面战争时代。[11]

启蒙运动不仅运用理性来界定战争问题，还试图以此解决问题。为此，康德在《永久和平论》一文中带着些许的怀疑主义提出，和平可以通过应用达成一致的规则管理独立国家之间的关系来实现。由于这种互设的规则尚未建立起来，至少没有以君主能够察觉或可能遵循的形式建立起来，康德提出了一个“永久和平的秘密条款”，建议“准备为战争而武装起来的国家”将“哲学家的准则”引为忠告。[12] 自那以后，建立一个理性的、经谈判达成的、受规则约束的国际体系的愿景便一直在召唤哲学家和政治学家为之奉献终身，但也只是取得了断断续续的成功而已。

在现代性引发的政治和社会动荡的冲击之下，思想家们越发倾向于质疑由人类理性支配的人类感知是否为理解现实的唯一尺度。在 18 世纪末及 19 世纪初，浪漫主义（与启蒙运动既有相通性，又有对立之处）将人类的情感和想象力推崇为理性的真正对等物，并将民间传统、对自然的体验和重新想象的中世纪时代置于现代机械论带来的确定性之上。

与此同时，理性则借助高等理论物理学的形式，开始进一步探索康德的“自在之物”，并产生了令人困惑不已的科学和哲学结果。在 19 世纪末至 20 世纪初，物理学前沿的进展开始揭示现实出人意料的层面。建立经典物理学模型的基础可以追溯到启蒙运动早期，它提出了一个可以用空间、时间、物质和能量来解释的世界，这些属性在任何情况下都是绝对和一致的。然而，当科学家们致力于对光的性质进行更清晰的解释时，他们遇到了这种传统理论无法解释的结果。阿尔伯特·爱因斯坦，一位超凡脱俗的理论物理学家，通过他在量子物理学方面的开创性工作以及他的狭义相对论和广义相对论解决了上述众多谜题。然而，他在此过程中所揭示的物理现实图景却散发出新的神秘气息。空间和时间被整合为一种单一现象，在此现象中，个人的感知显然不受经典物理定律的约束。[13]

维尔纳·海森伯和尼尔斯·玻尔则发展了量子力学来描述物理现实的基础，因此挑战了长期以来关于知识本质的假设。海森伯强调，同时准确评估一个粒子的位置和动量是不可能的。这个“不确定性原理”（其为人们所知的称呼）意味着，在任何给定时刻，都可能无法获得对现实的完全准确的描述。此外，海森伯还认为物理现实并没有独立的固有形式，而是由观察的过程"创造"的："我相信人们可以简洁地表述粒子经典'路径'的出现……'路径'之所以出现，只因我们观察到了它。"[14]

自柏拉图以来，关于现实是否有唯一真实、客观的形式，以及人类心智是否能够接近它的问题，一直令哲学家苦思冥想。在《物理学和哲学：现代科学的革命》（1958）等著作中，海森伯探讨了这两门学科之间的相互作用，以及科学现在开始逐渐侵入的、曾专属哲学领域的奥秘。玻尔则在他的开创性工作中强调了观察对现实的影响和规范。在玻尔的叙述中，科学仪器长期以来被认为是一种客观、中立的测量现实的工具，永远无法避免与观测对象之间的物理互动。无论这种互动多么微不足道，都会使它成为正在研究的现象的一部分，并扭曲对此种现象的描述。人类的心智被迫在现实的多个互补层面中做出选择，在给定的时刻只能准确地知道其中的某一个。要了解客观现实的全貌（如果存在），只能通过将一种现象的多个互补层面的印象结合起来，并解释每一种印象所固有的扭曲。

这些革命性的思想对事物本质的洞察，比康德或其追随者原以为的程度更为深入。我们正处于一场探究的开始阶段，这就是对人工智能可能实现的、超越人类已有感知或理解水平的探究。其应用可以让科学家有能力弥补人类观察者测量和感知现象能力的不足，或者填补人类（或传统计算机）处理互补数据集和识别其中模式的能力方面的空白。

在科学前沿的分裂及第一次世界大战的冲击下，20世纪的哲学界开始规划新的路径，该路径与传统的启蒙理性相背离，转而拥抱感知的模糊性和相对性。奥地利哲学家路德维希·维特根斯坦过的是一种远离学院派的退隐生活，先是当了园丁，后来又做过乡村教师。他摒弃了理性可以识别事物的单一本质的概念——这是自柏拉图以来的哲学家孜孜以求的目标。相反，维特根斯坦建议，应该从现象间相似性的概括中找到知识，他称之为“家族相似性”：“这一检验的结果是我们发现了一个复杂的、重叠交叉的相似网络，而这种相似有时是整体上的相似，有时是细节上的相似。”他认为，定义和分类所有事物，要求每一种事物都有清晰的界限，这种做法是错误的。相反，人们应该设法定义“此物和相似之物”，并熟悉由此产生的概念，即使它们的界线是“模糊的”或“不明确的”。[15] 再往后，到20世纪末和21世纪初，他的这种见解为人工智能和机器学习的相关理论提供了依据。这些理论认为，人工智能的潜力在一定程度上可归于它能够扫描大量数据集来学习类型和模式，例如经常出现在一起的单词组合，或者当一幅主题为猫的图像最常见的特征是猫的图像，然后通过识别人工智能已知的相似点和相似物的网络来理解现实。虽然人工智能永远不会像人类心智那样认识一些事物，但通过与现实模式的匹配积累，它有可能接近人类感知和理性的表现，有时甚至能超过人类。

长久以来，我们其实一直停留在启蒙世界。尽管意识到人类逻辑的缺陷，我们却仍对人类理性持乐观态度。科学革命，尤其是20世纪的科学革命，使技术和哲学得到了长足发展，但启蒙运动的核心前提，即一个可知的世界能被人类的心智逐步发掘出来这一观念，却一直存在着，直到现在。在历时三个世纪的发现和探索中，人类按照自己的思维结构，如同康德所预言的那样解释世界。但当人类开始接近他们认知能力的极限时，他们意图借助机器，也就是计算机来增强他们的思维，以超越这些极限。计算机在人类一直生活的物理领域中又添加了一个独立的数字领域。随着我们越来越依赖数字增强技术，我们正在进入一个新的时代，在这个时代里，人类的理性思维正在放弃其作为世界现象的唯一发现者、认识者和分类者的头等地位。

虽然理性时代所取得的一系列技术成就堪称重大，但直到最近，这些成就仍然是散发的，仍可与传统相调和。创新被描述为以往实践的延伸：电影是移动的照片，电话是跨越空间的对话，而汽车是快速移动的马车，只不过拉车的马匹被以“马力”衡量的发动机所取代罢了。同样，在军事领域，坦克是精良的骑兵，飞机是先进的火炮，战舰是移动的堡垒，而航空母舰则是移动的飞机跑道。即使是核武器也如其名称所示的那样，仍被视为一种武器；而当核大国将其核打击部队以炮兵形式组织时，也是强调了他们以往的经验和对战争的理解。

但这种做法已经到头了：我们再也无法把一些创新设想为已知事物的延伸。通过不断缩短技术改变生活体验的时间，数字化革命和人工智能的进步产生了真正的新现象，而不仅仅是以往事物的更强大或更高效版本。随着计算机变得更快速、更小巧，它们已经可以被嵌入手机、手表、公共设备、电器、安全系统、车辆、武器甚至人体中。现在这种数字系统之间的通信基本上是即时的。阅读、研究、购物、谈话、记录保存、监视、制订军事计划和行动，这些在一代人以前均由人工完成的任务，如今都已转为数字化和由数据驱动，并在同一个领域展开，即网络空间。[16]

人类组织的各个层面都受到了这种数字化的影响：通过计算机和手机，个人拥有了（或至少可以访问）比以往更多的信息。公司已经成为用户数据的收集者和整合者，如今，它们甚至拥有比许多主权国家更大的权力和影响力。唯恐将网络空间拱手让给竞争对手的各国政府也已经竞相进入、探索并开始开发这一领域。在这一过程中，它们几乎没有遵从什么规则，实施的限制措施就更少了。它们迅速将网络空间指定为必须进行创新以战胜对手的领域。

很少有人能完全理解这场数字革命到底发生了什么。这场革命发生的速度之快是部分原因，其导致的信息泛滥同样也是。尽管数字化取得了许多惊人的成就，但它也让人类的思想变得更缺乏情境性和概念性。概念在以往大部分时间里是对集体记忆局限性的弥补，然而"数字原生代"并不觉得有必要（至少不那么迫切地）发展出概念。无论他们想知道什么，都可以（也确实会）

问搜索引擎，无论这些问题是琐碎的、概念性的，还是介于两者之间的。而搜索引擎则借助人工智能来回应他们的查询。在这一过程中，人类将其思考的各个层面委托给了技术。但是，信息不是不言自明的，而是依赖于情境的。信息要想有用处或至少有意义，就必须通过文化和历史的视角来加以理解。

当信息被情境化时，它就变成了知识。当知识令人信服时，它就变成了智慧。然而，互联网让用户淹没在数以千计，甚至数以百万计的其他用户的意见中，剥夺了他们持续思考所需的独处感，而从历史上看，正是这种独处感催生了对知识的信念。随着独处感的消失，坚毅的精神也不复以往——须知不仅信念的形成需要坚韧不拔的毅力，保持对信念的忠诚也一样，当这种信念需要穿过未有前人踏足的，因此往往是孤独的道路才能获取时尤其如此。这种信念也只有与智慧相结合，人们才能进入和探索新的视界。

数字世界对智慧没有多少耐心，它的价值观是由赞许而不是自省塑造的。它从本质上挑战了启蒙运动认为理性是意识最重要因素的主张。数字世界消除了过去距离、时间和语言对人类行为的限制，它本身就提供了一种有意义的联系。

随着在线信息呈现爆炸式增长，我们开始求助于软件程序来对信息进行分类提炼、基于模式进行评估，并通过回答我们的问题来引导我们。人工智能可以补全我们发短信时写的句子，识别我们正在寻找的书或商店，并且根据我们之前的行为“直觉”地判断我们可能会喜欢的文章和娱乐方式。它被引入我们生活的过程看起来平淡无奇，而不似革命。但随着被应用到生活的更多方面，它正在改变我们的思想在塑造、安排和评估我们的选择和行动方面所扮演的传统角色。

第三章

x

从图灵到当下，以及未来

1943年，当研究人员研制出第一台具有电子化、数字化和可编程化特征的现代计算机时，这一成就让人们又开始急于寻求一系列有趣问题的答案：机器能够思考吗？它们有智能吗？它们会不会变得有智慧呢？鉴于长期以来关于智力本质的两难认知，这些问题似乎特别令人困惑。1950年，数学家和逻辑学家艾伦·图灵提出了一个解决方案。在他的论文《计算机与智能》中，图灵建议把机器智能的问题完全搁置。图灵认为，重要的不是智能的机制，而是智能的表现。对此，他解释说，因为其他生命的内在体验仍然是不可知的，所以我们衡量智力的唯一手段应是其外部行为。鉴于此，图灵避开了几个世纪以来关于智力本质的哲学争论。他引入的“模仿游戏”提出，如果一台机器对游戏的操作非常熟练，以至观察者无法区分它和人类的行为，那么该机器就应该被冠以智能之名。

图灵测试便是由此而来。[1]

许多人从字面上理解图灵测试，想象通过这一测试标准（如果这种情况真的发生）的机器人会被认为是人类。然而，在实际应用中，该测试被证明在评估“智能”机器在确定的、受限的活动（如游戏）中的表现方面很有用。该测试并不要求机器与人类完全无法区分，而是只要机器的某项表现类似于人类即可。此时，它关注的是表现，而不是过程。像 GPT-3 这样的生成器之所以被认定为人工智能，是因为它们生成的文本与人类生成的文本相似，而不是因为它们的模型特征与人相似——GPT-3 的特征就是使用大量（在线）信息进行训练。

1956 年，计算机科学家约翰·麦卡锡进一步将人工智能定义为“能够执行具有人类智能特征的任务的机器”。自那时起，图灵和麦卡锡对人工智能的评估就成了业界基准，将我们定义“智能”的重点转向了它的表现（看似智能的行为），而非这个术语更深层次的哲学、认知或神经科学维度。

虽然在过去的半个世纪里，机器在很大程度上未能展现出这种智能，但这种僵局似乎即将被打破。在基于精确定义的代码运行了几十年后，计算机生成的分析的局限性也类似于它本身的某些特性：刻板僵化，缺乏灵动。传统的程序可以组织大量的数据并执行复杂的计算，但不能识别简单物体的图像，也无法应付不甚精确的输入。人类思想的不精确性和概念性被证明是人工智能发展之路上的顽固障碍。然而，在过去 10 年里，计算领域的创新缔造了全新的人工智能，这些人工智能已经开始在某些领域与人类不相上下，甚至超过了人类。

人工智能是不精确的、动态的和新颖的，并且能够“学习”。人工智能通过消化数据来“学习”，然后根据数据得出结论。以前的系统需要精确的输入和输出，而具有非精确功能的人工智能不再需要这两者。这些人工智能翻译文本的方式不是通过换用单个单词，而是通过识别与使用习惯用语和句式。此外，这种人工智能还是动态的，因为它会随着环境的变化而进化。它也是新颖的，因为它能给出对人类来说新奇的解决方案。在机器领域，这四种特性是具有革命性的。

以 AlphaZero 在国际象棋领域取得的突破为例。传统的国际象棋程序依赖人类的棋艺专长，基于那些被编入其中的人类棋局而被开发出来。但 AlphaZero 是通过与自己进行数百万场对弈来提升棋艺的，它也正是在这种自我对弈中探索出自己的棋路模式。

这些“学习”技术的构建模块是算法，即将输入（如游戏规则，或在游戏规则范围内衡量棋路高明与否）转化为可重复输出（如赢得游戏）的一组步骤。但是，机器学习算法与经典算法（包括像长除法那样的计算）的精确度和可预测性截然不同。经典算法由产生精确结果的步骤组成，机器学习算法则与之不同，是由改进不精确结果的步骤组成。如今，这类技术正在取得长足进步。

航空领域是另一个例子。人工智能很快就将驾驶或协助驾驶各种飞行器翱翔长空。在美国国防部高级研究计划局（DARPA）的“阿尔法狗斗”（AlphaDogfight）项目中，人工智能战斗机飞行员可以做出超出人类飞行员能力的机动动作，并以此在虚拟空战中胜过人类飞行员。无论是驾驶战斗机参与空战，还是操纵无人机运送货物，人工智能都将对军用和民用航空的未来产生重大影响。

虽然我们看到的只是这些创新的开始，但这已经让人类经验的架构产生了微妙改变。在未来几十年，这种转变的速度只会有增无减。

由于推动人工智能转型的技术概念既复杂又重要，本章将对各种类型的机器学习及其使用的演变和现状进行解读。这些机器学习既功能强大，又有内在的局限性。了解机器学习的结构、能力和局限性，对于我们理解人工智能带来的社会、文化和政治转变，以及它们可能在未来产生的变化至关重要。

人工智能的演变

人类一直梦想能有一个帮手，即一台能够和人类胜任相同工作的机器。在希腊神话中，火神赫菲斯托斯铸造了能够执行人类任务的机器人，如青铜巨人塔罗斯，它在克里特岛海岸巡逻，保护海岛免受入侵。17 世纪的法国国王路易十四和 18 世纪的普鲁士腓特烈大帝都对机械自动化颇为着迷，亲自督造了各种原型机。然而事实上，即使在现代计算技术出现后，要设计一台机器并使它能够执行有用的活动仍是极其困难的。人们遭遇的一大挑战便是：如何教会它，又该教它些什么呢？

人们创造实用性人工智能的早期尝试，就是通过规则或事实的集合，以明确方式将人类的专业知识编码到计算机系统中。但是，世上的许多事物并不是以离散方式组织起来的，也并不容易被还原为简单规则或符号表征。虽然在需要使用精确表征的领域，比如国际象棋、代数运算和业务流程自动化，人工智能取得了巨大进展，但在其他领域，比如语言翻译和视觉对象识别，固有的模糊性导致人工智能停滞不前。

视觉对象识别领域遇到的挑战暴露了这些早期程序的缺点。一些即使是小孩子也能轻松识别的图像，早期的人工智能却不能识别。程序员最初试图将一个对象的显著特征提取成某种符号表征。例如，为了教人工智能识别猫的图片，开发人员创建了一只理想化的猫的各种属性的抽象表征，比如胡须、尖耳朵、四条腿和身体。但猫的形态绝非一成不变：它们会缩成一团，会奔跑跳跃，还会伸展肢体，并有不同的体形和毛色。在实践中，形成抽象模型，然后尝试将其与高度可变的输入相匹配的方法，被证明是行不通的。

由于这些呆板有余而灵活性不足的系统只有在那些可通过编码明确规则来完成任务的领域才能取得些许成功，于是从 20 世纪 80 年代末到 90 年代初，该领域进入了一个被称为“人工智能寒冬”的时期。当人工智能被应用于更动态的任务时，其表现不堪一击，结果便是无法通过图灵测试，换句话说就是未能达到或模拟人类的表现。由于这类系统的应用受到限制，因此导致相应的研发资金减少，进展趋缓。

然后，在 20 世纪 90 年代，出现了突破性进展。人工智能的核心是执行任务，即研制能够构思和执行复杂问题有效解决方案的机器。研究人员意识到，要做到这一点，需要一种新的方法，一种允许机器自主学习的方法。简而言之，就是他们有了一个概念上的转变：从试图将人类提炼的见解编码到机器中，变为把学习过程本身委托给机器。

20 世纪 90 年代，一群离经叛道的研究人员搁置了早期人工智能的许多假设，将他们的关注重点转向了机器学习。虽然机器学习可以追溯到20世纪50年代，但只有取得新进展才能使其实际应用成为可能。在实践中，效果最好的方法是使用神经网络从大型数据集中提取模式。用哲学术语来表述，人工智能研究的先驱们所做的，就是从早期启蒙运动专注于将世界简化为机械规则，转向构建现实的近似物。他们意识到，为了识别猫的图像，机器必须通过在不同的环境中观察猫来“学习”一系列关于猫的视觉表征。为了使机器学习成为可能，重要的是事物的不同表征之间的重叠，而不是它的理念——用哲学术语来表述就是，机器学习需要的是维特根斯坦，而不是柏拉图。至此，机器学习的现代领域，即通过经验学习的程序，终于诞生了。

现代人工智能

观念转变后，随之而来的是重大的进展。21世纪的最初 10 年，在视觉对象识别领域，当程序员开发出的人工智能通过从一组图像（其中一些包含某物体，一些不包含某物体）中学习来表征该物体的近似值时，此类人工智能识别物体的效率便远远高于其需要编码的“前辈”。

用于识别 Halicin 的人工智能展示了机器学习过程的核心地位。麻省理工学院的研究人员设计了一种机器学习算法来预测分子的抗菌能力，并使用包含 2000 多个分子的数据集来训练该算法，获得的成果是传统算法和人类都无法实现的。人工智能揭示出的化合物特性与其抗菌能力之间的联系不仅不为人类理解，更重要的是，这些特性本身无法以现有规则表达。然而，一种基于基础数据改进模型的机器学习算法却能够识别这些人类无法识别的关系。

如前所述，这种人工智能是不精确的，因为它不需要分子特性和效果之间的预定义关系来识别两者的局部关系。例如，它可以从一个更大的候选集中选择极有可能符合条件的候选分子。这种能力体现了现代人工智能的一个重要元素。通过用机器学习来创建和调整基于真实世界反馈的模型，现代人工智能就可以对结果进行近似，并分析原本可能阻碍经典算法的模棱两可之处。和经典算法一样，机器学习算法由一系列精确的步骤组成，但是这些步骤并不像经典算法那样直接产生一个特定的结果。相反，现代人工智能算法会衡量结果的质量，并提供改善这些结果的手段，使这些结果能够被学习，而不是直接规定结果。

受到人类大脑结构的启发（由于大脑的复杂性，并非完全模仿）而建立的神经网络，是这些进展的主要推手。1958 年，康奈尔航空实验室的研究员弗兰克·罗森布拉特产生了一个想法：人脑通过 10^{15} 个突触连接大约 1000 亿个神经元来编码信息，那么科学家能否开发出一种类似于人脑的信息编码方法呢？他决定进行尝试，并设计了一个人工神经网络，对节点（类似神经元）和数值权重（类似突触）之间的关系进行编码。这个网络使用节点结构和这些节点之间的连接来编码信息，其中指定的权重代表节点之间连接的强度。在随后的几十年中，由于缺乏算力和复杂算法，除了初级神经网络，其他所有神经网络都发展缓慢。然而，算力和算法这两个领域的进步已经将人工智能开发者从这些限制中解放了出来。

以 Halicin 的发现为例，神经网络捕捉到了分子（输入）及其抑制细菌生长的潜力（输出）之间的关联。发现 Halicin 的人工智能在并未掌握化学过程或药物功能的情况下，通过深度学习发现了输入和输出之间的关系。在这种情况下，离输入较近的神经网络层倾向于反映输入的各个方面，而离输入较远的神经网络层则倾向于反映更广泛的概括，以预测期望的输出。

深度学习允许神经网络捕捉复杂的关系，如抗菌有效性和训练数据中体现的分子结构各方面（原子量、化学成分、化学键类型等）之间的关系。这个网络允许人工智能捕捉各种复杂的连接，包括那些人类无法识别的连接。在训练阶段，当人工智能接收到新数据时，它会调整整个网络的权重。因此，网络的精度取决于训练它的数据的数量和质量。当网络接收到更多的数据并由更多的网络层组成时，权重会更准确地捕捉关系。如今的深层网络通常包含约 10 个网络层。

但是，神经网络的训练需要大量资源，还需要强大的算力和复杂的算法来对大量数据进行分析和调整。与人类不同，大多数人工智能不能同时进行训练和执行任务。相反，它们将工作分为两个步骤：训练和推断结果。在训练阶段，人工智能的质量测量和改进算法对其模型进行评估和修正，以获得高质量结果。还是以 Halicin 为例，所谓训练就是人工智能根据训练集数据识别分子结构和抗菌效果之间关系的阶段。在推断结果阶段，研究人员让人工智能负责识别其新训练模型预测会有很强抗菌效果的抗生素。因此，人工智能不像人类理性那样通过推理得出结论，而是运用自己发展的模型得出结论。

不同的任务，不同的学习风格

由于人工智能的应用随其执行的任务而变化，因此，开发人员用于创建该人工智能的技术也必须视情况不同而有所不同。这是利用机器学习的一个基本挑战，即不同的目标和功能需要不同的训练技术。但是，通过使用各种机器学习方法，尤其是使用神经网络，新的可能性出现了，比如用于发现癌症的人工智能。

截至撰写本书时，机器学习有三种形式值得关注，即监督学习、无监督学习和强化学习。发现 Halicin 的人工智能便是由监督学习产生的。整个过程简单来说就是，当麻省理工学院研究人员想要识别潜在的新抗生素时，他们使用了一个包含 2000 个分子的数据库来训练一个模型，在这个模型中输入的是分子结构，输出的是抗生素的有效性。研究人员向人工智能展示了分子结构，每个结构都根据其抗生素的有效性进行了标记。然后，给定新的化合物，人工智能便能够评估其抗生素的有效性。

这种技术被称为监督学习，因为人工智能开发人员使用了一个包含示例输入（在本例中是分子结构）的数据集，并且这些示例根据期望的输出或结果（在本例中是抗生素的有效性）分别进行了标记。开发人员已将监督学习技术用于许多方面，比如创建识别图像的人工智能。在这个任务中，人工智能根据一组预先标记的图像进行训练，学习将图像与相应的标签联系起来，例如将猫的图像与“猫”的标签联系起来。对图像和标签之间的关系进行编码后，人工智能就能够正确地识别新的图像。因此，当开发者有一个数据集，且集内每一组输入都有一个期望的输出时，监督学习是一种卓有成效的方法，可以用于创建一个模型来预测响应新输入的输出。

而在只有大量数据的情况下，开发人员可以使用无监督学习来提取可能有用的见解。随着互联网的普及和信息数字化，企业、政府和研究人员都已被数据海洋淹没，这使得他们可以比过去更容易地访问这些数据。营销人员有了更多的客户信息，生物学家有了更多的

DNA（脱氧核糖核酸）数据，而银行家则有了更多的金融交易记录。当营销人员想要确定他们的客户群，或者当欺诈分析师在大量交易中寻找潜在的不一致时，无监督学习允许人工智能在没有任何结果信息的情况下识别模式或异常情况。在无监督学习中，训练数据只包含输入。程序员给学习算法布置任务，根据衡量相似度的特定权重产生分组。例如，网飞等流媒体视频服务使用算法识别具有相似观看习惯的客户群，以便向这些客户推荐更多的流媒体内容。但是，这种算法微调起来可能较为复杂，因为大多数人都有不止一个兴趣，他们通常被归到几个集群分组中。

通过无监督学习训练的人工智能可以识别出人类可能因为模式间的微妙差别、数据规模过大或两者兼有而错过的那些模式。这类人工智能在训练时没有明确规定“适当”的结果，因此它们会像人类自学者一样产生令人惊讶的创新见解。不过，此类人工智能也和人类自学者一样，可能给出古怪荒谬、毫无意义的结果。

在无监督学习和监督学习中，人工智能主要使用数据来执行发现趋势、识别图像和做出预测等任务。除了数据分析，研究人员还试图训练人工智能在动态环境中运行。机器学习的第三个主要类别——强化学习——便由此而来。

在强化学习中，人工智能不是被动地识别数据之间的关系，它是受控环境中的“智能体”，会观察并记录环境对其行为的反应。一般而言,这些环境都是模拟的、简化版本的现实，缺乏真实世界的复杂性。在装配线上精准模拟机器人的操作显然比在拥挤混乱的城市街道上更容易。但即使是在模拟的、简化的环境中，比如一场国际象棋比赛，一步走棋也可能引发一连串的机会和风险。其结果便是，指导人工智能在人工环境中自我训练通常并不足以产生最佳表现，还需要有反馈。

奖励函数的任务就是提供这种反馈，为的是向人工智能表明它的方法有多成功。人类无法胜任这一角色：在数字处理机上运行的人工智能可以在数小时或数天内对自己进行数百次、数千次乃至数十亿次的训练，这使得直接的人类反馈完全不切实际。作为替代，程序员将这种奖励函数自动化，谨慎而又精确地指定该函数如何运行及如何模拟现实的性质。在理想情况下，模拟器提供真实的体验，奖励函数则促进有效的决策。

AlphaZero 的模拟器直截了当：它与自己对弈。然后，为了评估自己的表现，它采用了一个奖励函数[2]，根据自己的走法所创造的机会大小，对这些走法进行评分。强化学习需要人类参与创建人工智能训练环境（即使人类在训练过程中不提供直接反馈）：人类定义了模拟器和奖励函数，人工智能则在此基础上进行自我训练。为了获得有意义的结果，对模拟器和奖励函数的周密规范至关重要。

机器学习的力量

从这寥寥几个构建模块中产生了无数的人工智能应

用。在农业领域，人工智能使得农药的精确管理、疾病的检测和作物产量的预测更为便利。在医学领域，人工智能促进了新药的发现、现有药物新应用的鉴定，以及对未来疾病的检测或预测。（截至撰写本书之时，人工智能已通过识别细微的放射指标，比人类医生更早地发现了乳腺癌；通过分析视网膜照片发现了失明的原因之一是视网膜病变；通过分析病史预测糖尿病患者的低血糖；通过分析遗传密码发现了其他遗传性疾病。）在金融领域，人工智能被用来帮助推进贷款批准（或拒绝）、收购、合并、破产声明和其他交易流程。

人工智能也在推动音译和笔译的发展，在某种程度上，这是最引人注目的例证。千百年来，人类一直无法跨越文化和语言鸿沟进行清晰的沟通。由于存在语言之间的理解误差，而且无法用一种语言向另一种语言的使用者传达信息，人类彼此之间产生了误解，阻碍了贸易，甚至引发了战争。在巴别塔的故事中，这种语言的阻隔是人类不完美的象征，也是对人类傲慢的痛苦惩罚。现在，人工智能已经可以随时随地为广大受众提供强大的翻译功能，让更多的人更容易彼此沟通。

20 世纪 90 年代，研究人员曾尝试设计基于规则的语言翻译程序。虽然他们在实验室环境中取得了一定成功，但在现实世界中却未能获得良好的效果。语言的可变性和微妙性并不能简化成简单的规则。而在 2015 年，当开发人员将深度神经网络应用于这个问题时，一切困难都迎刃而解。突然间，机器翻译水平突飞猛进。与其说是因为应用了神经网络或机器学习技术，不如说是这些方法全新的、创造性的应用催生了这一进步。这些进展透露了一个关键点：从机器学习的基本构建模块开始，开发人员能够以巧妙方式继续创新，并在这个过程中解锁新的人工智能。

要将一种语言转换为另一种语言，译者需要捕捉特定的模式，即顺序依赖关系。标准的神经网络可以识别输入和输出之间的关联模式，比如那些抗生素的一系列化学属性。但是，如果没有加以修改，这样的网络不能捕捉到顺序依赖关系，比如在考虑到一个单词前面的词是什么的情况下，判断该单词在句子中的某个位置出现的可能性。打个比方，如果一个句子以“我去遛”开头，那么下一个词就很有可能是“狗”，而不是“猫”或“飞机”。为了捕捉这些顺序依赖关系，研究人员设计了一系列网络，他们不仅使用尚待翻译的文本，也会使用已经翻译过的文本作为输入。这样，人工智能就可以根据输入语言和文本被译成的语言中的顺序依赖关系来识别下一个词。这些网络中最强大的就是转换器，它不需要按照从左到右的顺序处理语言。谷歌的 BERT 就是一种旨在改进搜索的双向转换器。

此外，与传统的监督学习相比，语言翻译研究人员采用了“平行语料库”（parallel corpora）技术，这种技术在训练中不需要输入和输出之间有具体对应关系（例如两种或多种语言文本之间的译意）。在传统的方法中，开发人员使用文本及其现有翻译来训练人工智能，因为这些材料能提供两种语言之间必要的对应关系。然而，这种方法极大地限制了训练数据量以及可用的文本类型：政府文本和畅销书经常被翻译，但期刊、社交媒体、网站和其他非正式作品一般并无此待遇。

研究人员并没有将人工智能训练局限于经过精心翻译的文本，而是简单地提供了使用不同语言、涵盖单一主题的文章和其他文本，且并不费心它们之间的翻译细节。这种训练人工智能粗略匹配（而非翻译）文本主体的过程，即为平行语料库技术。这类似于学习者从入门语言课程进入完全沉浸式课程。这种训练不那么精确，但可用的数据量要大得多，开发人员能够在训练中纳入新闻文章、书籍和电影评论、游记攻略等几乎任何正式或非正式出版物，内容涉及不同的作者用多种语言撰写的主题。这种方法的成功使得部分监督学习得到了更广泛的应用，在这种学习中，被用于训练的是高度近似的或部分的信息。

当谷歌翻译开始采用使用平行语料库训练的深度神经网络时，其性能提高了 60%，而且此后一直在不断提高。

自动化语言翻译的巨大进步有望令商业、外交、媒体、学术界和其他领域均为之一变，因为人们可以比以往任何时候都更容易、更快捷、更廉价地接触到非母语。

当然，翻译文本和分类图像的能力是一回事，生成（亦即创建）新文本、新图像和新声音的能力则是另外一回事。到目前为止，我们描述的人工智能擅长的是发现解决方案，如棋局的胜利、药物的候选，还有足够好用的翻译。但另一种技术，即生成式神经网络，却可以实现创建。首先，生成式神经网络使用文本或图像进行训练。然后，它们产生新的文本或图像，这些文本或图像是合成的，但也是真实的。举例来说，标准神经网络可以识别一张人脸的图片，但是生成式神经网络可以创建一张看起来很逼真的人脸图片。从概念上讲，它们与其“前辈”已有所不同。

这些所谓的生成器的应用是令人惊愕的。如果它们被成功应用于编码或写作，那么作者可以简单地创建一个大纲，然后让生成器来填充细节。或者，广告商或电影制作人可以向一个生成器提供一些图像或剧情分镜，然后让人工智能创造一个合成广告或商业广告。更令人担忧的是，生成器还可能被用来进行深度伪造，即对人们从未做过的事情或说过的话进行虚假描述，且足以乱真。生成器将丰富我们的信息空间，但如果没有监督，它们也可能模糊现实和幻想之间的界限。

一种常见的生成式人工智能训练技术是让两个学习目标互为补充的网络进行对抗。这种网络被称为生成对抗网络，简称 GAN。其中，生成器网络的目标是产生潜在的输出，而判别器网络的目标是防止产生不良的输出。打个比方，生成器的任务是进行头脑风暴，而判别器的任务是评估哪些想法是相关的和现实的。在训练阶段，生成器和判别器交替训练，训练判别器时保持生成器不变，反之亦然。

这些技术并非无懈可击，比如训练 GAN 可能具有相当大的挑战性，而且往往会产生糟糕的结果，但它们产生的人工智能也可以取得非凡的成就。最常见的是，经过 GAN 训练的人工智能可以在人们起草电子邮件时建议补全句子，或者允许搜索引擎完成部分查询。更令人瞩目的是，GAN 可被用于开发新的人工智能，有能力对代码梗概进行细节填充。换句话说，程序员可能很快就能省力了，他们只要勾勒出所需程序的大纲，然后将大纲交给人工智能完成即可。

目前，能够产生类人文本的 GPT-3（见第一章）是最值得关注的生成式人工智能之一。它打开了将语言翻译转化为语言生产的新局面。只要给定几个词，它就可以"推断"出一个句子；给出一个主题句，它就可以"推断"出一个段落。像 GPT-3 这样的"转换器"可以检测顺序元素（如文本）中的模式，使它们能够预测和生成可能的后续元素。在 GPT-3 的示例中，人工智能可以捕捉单词、段落或代码之间的顺序依赖关系，以生成此类输出。

经过对主要来自互联网的大量数据的训练，转换器还可以将文本转换为图像或进行反向操作，即扩展和压缩描述，并执行与此类似的任务。如今，GPT-3 及其类似人工智能的输出质量，可能令人印象深刻，但也可能良莠不齐。有时其输出显得非常聪明，有时又十分愚蠢，甚至让人完全无法理解。然而，转换器的基本功能确有可能改变许多领域，包括创造性领域。因此，它们是相当让人感兴趣的主题，吸引着研究人员和开发人员不断探究它们的优势、局限性和应用。

机器学习不仅拓宽了人工智能的适用范围，还彻底改变了人工智能本身，甚至在以往的方法曾取得成功的领域（如基于符号和规则的系统）也莫不如此。机器学习方法使人工智能从打败人类国际象棋大师进化到发现全新的国际象棋战略。而且，它的探索能力并不局限于游戏。正如我们先前提到的，DeepMind 构建的一个人工智能成功地减少了谷歌数据中心的能源支出，比其优秀工程师所能达到的水平还要低 40%。人工智能取得的一系列进展并不限于此处所介绍的，这些进展正使人工智能超越图灵在他的测试中所设想的标准——人工智能的表现与人类智能难以区分，进一步包括了超越人类的表现，从而扩展了理解的疆域。这些进展有望令人工智能能够处理新任务，让其更加普及，甚至能够生成原创文本和代码。

当然，当一项技术变得更加强大、更加普遍时，其发展也必然伴随着挑战。我们大多数人最常使用的在线功能“个性化搜索”就是一个例证。在第一章中，我们用实例描述了传统互联网搜索和人工智能运行的互联网搜索之间的区别，前者为你提供的是可购买的全部服装，后者则根据你的偏好，只为你提供出自设计名家的品牌服装。人工智能通过两种方式让搜索引擎为个人用户进行量身定制：（1）在收到查询后，如“在纽约要做的事情”，人工智能可以产生概念，如“在中央公园散步”和“在百老汇看演出”；（2）人工智能可以记住搜索引擎以前被问及的事情及其作为回应而产生的概念。此外，它还可以将这些概念储存在其记忆版本中。随着时间的推移，人工智能可以利用自己的记忆产生越来越具体的概念，从理论上讲，这对用户也越来越有帮助。在线流媒体服务也在如法炮制，它们利用人工智能使针对电视节目和电影的建议更明确、更积极，或给出人们希望获得的更多答案。这是一种赋能。人工智能可以引导儿童远离成人内容，同时转向适合他们的年龄或参照系的内容。人工智能也可以引导所有人远离暴力、色情或其他冒犯我们情感的内容。这取决于算法在分析了用户过去的行为后，推断出他们的偏好是什么。随着人工智能对人们的了解越来越深入，获得的结果大体上还是积极的。例如，流媒体服务的订阅者越来越有可能在流媒体上观看那些让他们感兴趣，而不是让他们感到被冒犯或犯糊涂的节目和电影。

过滤可以帮助引导选择，这个说法听起来并不陌生，也称得上实事求是。在现实世界中，外国游客会雇用导游，并根据自己的宗教信仰、国籍或职业，让导游带他们参观他们认为最值得去的历史古迹或最有意义的景点。但是，过滤也可以通过省略和遗漏信息而成为一种审查制度。导游可以避开贫民窟和高犯罪率地区。在一个专制国家，这名导游可能就是“政府代言人”，因此只向游客展示政府希望游客看到的东西。但在网络空间，过滤会自我强化。当个性化搜索和流媒体的算法逻辑开始对新闻、书籍或其他信息源进行消费个性化时，它会放大一些主题和来源，并出于实际需要而对其他内容视而不见。这种事实上的遗漏的后果是双重的：既可以让个人变得闭目塞听，也可以让这些个体彼此难以一致。充斥在一个人周围的环境（假设其反映了现实）与第二个人的有所不同，而充斥在第二个人周围的环境也与第三个人的不同——这是一个悖论，我们将在第六章进一步讨论。

应对日益盛行的人工智能将带来的风险，是一项必须与该领域的进步并行的任务，这也是我们写作本书的原因之一。我们必须关注人工智能的潜在风险。我们不能将其开发或应用随便交予某个群体，无论这个群体是研究人员、公司、政府还是民间社会组织。

人工智能的限制和管理

在前几代人工智能中，人们将社会对现实的某种理解提炼为程序代码，而当下的机器学习人工智能与之不同，它们在很大程度上是靠自己对现实进行建模。虽然开发人员可以检验人工智能生成的结果，但人工智能并不会以人类的方式“解释”它们是如何学习的或学到了什么。开发人员也不能要求人工智能描述它学到的东西。这其实和人类一样，一个人不可能真正知道自己学到了什么以及为什么要学（尽管人类常常可以给出解释，但截至撰写本书时，人工智能还做不到这一点）。我们最多只能观察人工智能完成训练后产生的结果。因此，人类必须进行逆向工作。一旦人工智能产生了一个结果，作为研究者或审查者，人类必须验证人工智能是否产生了预期的结果。

人工智能的操作有时会超越人类经验的范围，因而无法概念化或生成解释，它可能会产生一些真实但超出了（至少是当前的）人类理解边界的洞察。当人工智能以这种方式产生意想不到的发现时，人类可能会发现自己正处于与青霉素的发现者亚历山大·弗莱明相似的境地。在弗莱明的实验室里，一种产生青霉素的霉菌意外地在一个培养皿中繁殖，杀死了致病细菌，使弗莱明察觉到这种以前不为人知的强效化合物的存在。当时人类尚无抗生素的概念，不知道青霉素是如何起作用的，这一发现开启的是整个需要为之倾注努力的领域。人工智能也会产生类似的惊人见解，比如识别候选药物和赢得棋局的新战略，让人类去猜测它们的意义所在，并以谨慎的方式将这些见解整合到现有的知识体系中。

此外，人工智能不能对其发现的东西进行反思。从荷马在《伊利亚特》中对赫克托耳和阿喀琉斯在特洛伊城下决斗的记述，到毕加索在《格尔尼卡》中对西班牙内战中平民伤亡的描画，人类在许多时代都经历过战争，然后才对战争给出的教训、引发的悲剧和造成的极端狂热进行反思。人工智能无法做到这一点，它也无法感受到如此做的道德或哲学冲动。它只是运用方法并产生一个结果，而不管这个结果从人类的角度来看是平庸还是深刻，是善还是恶。人工智能不能反思，其行动的意义由人类决定。因此，人类必须规范和监督这项技术。

人工智能无法像人类一样考虑情境或进行反思，这使得我们尤其需要关注它带来的挑战。谷歌的图像识别软件就曾因将人的图像误标为动物[3]，又将动物图像误标为枪支[4]而声名狼藉。这些错误对任何人来说都是显而易见的，但人工智能却对其视而不见。人工智能不仅没有反思的能力，而且会犯错，包括任何人都会认为是最低级的错误。而且，虽然开发人员正不断努力清除人工智能的缺陷，但它总是先被投入应用，然后才被排除故障。

造成这种错误识别的原因有几个，其中一个是数据集偏差。机器学习需要数据，没有数据，人工智能就无法学习优秀的建模。一个关键问题是，如果不周密关注，更可能出现的是少数族裔等未被充分代表群体的数据不足问题。特别是人脸识别系统，此类系统进行训练的数据集所包含的黑人图像比例通常低得可怜，导致准确性很差。数据的数量和覆盖范围都很重要，在大量高度相似的图像上训练人工智能会导致神经网络对以前未曾遇到的情况给出不正确的结果。在其他高风险的情况下，可能会发生类似的描述不足。例如，用于训练自动驾驶汽车的数据集包含的特殊情况例子可能相对较少，比如一只鹿穿过马路，人工智能就无法明确说明如何处理这种情况。然而这种情况下恰恰需要人工智能必须全力运行。

人工智能的偏见可能直接源于人类的偏见，也就是说，人工智能的训练数据可能包含人类行为固有的偏见。这可能发生在监督学习的输出标记过程中：无论标记者做出何种错误识别，也无论他是有意还是无意，人工智能都会对此进行编码。开发人员也有可能错误地指定了在强化训练中使用的奖励函数。想象一下，一个被训练在模拟器上下棋的人工智能，高估了其创建者更偏爱的一组走法。与其创建者一样，人工智能将学会更倾向于这些走法，即使它们在实战中的表现不尽如人意。

当然，技术上的偏见问题并不限于人工智能。自新冠肺炎疫情暴发以来，脉搏血氧仪日益成为心率和血氧饱和度这两项健康指标的衡量工具，但它会高估深色皮肤个体的血氧饱和度。当设计师假设浅色皮肤吸收光线的方式是“正常”时，实际上便意味着假设深色皮肤吸收光线的方式是“不正常”的。脉搏血氧仪可不是由人工智能来运行的，但是，它仍然没有对某一特定人群给予足够的关注。使用人工智能时，我们应该了解它的错误，这不是为了原谅它们，而是为了纠正它们。偏见困扰着人类社会的方方面面，而所有这些方面都值得我们认真应对。

产生错误识别的另一个原因是僵化。想想动物图像被误认为是枪的例子。这幅图像误导了人工智能，因为它包含了人类察觉不到但人工智能可以察觉的微妙特征，而人工智能也因此可能被这些特征迷惑。人工智能不具备我们所说的常识，它有时会将人类可以轻易区分的两种物体混为一谈。通常情况下，它所混淆的内容（和方式）是出乎意料的，这主要是因为，截至本书撰写时，人工智能审计与合规机制的稳健性很差。在现实世界中，意料之外的失败可能比意料之中的更有害，或至少更富挑战性，因为对于未曾预见到的事情，我们的社会也无从化解。

人工智能的脆弱性体现的是其所学内容的肤浅性。基于监督学习或强化学习而建立的输入和输出之间的关联，与真正的人类理解迥然不同，因为后者有许多概念化和经验的东西。这种脆弱性也反映了人工智能缺乏自我意识。人工智能是没有知觉的，它不知道自己不知道什么。因此，对人类来说显而易见的错误，它却无法识别和规避。人工智能无法自行检查明显的错误，这凸显了开发测试的重要性。此类测试让人类能够识别人工智能的能力极限、评估人工智能建议的行动方案，并预测人工智能何时可能失败。

因此，开发程序来评估人工智能是否能如预期般表现是至关重要的。由于在可预见的未来，人工智能仍将由机器学习驱动，因此人类仍将无法察知人工智能正在学习什么，以及它如何知道自己学到了什么。虽然这可能令人感到不安，但其实不必如此紧张，须知人类的学习往往同样不透明。无论是艺术家、运动员、作家还是机械师，抑或是父母和孩子，事实上是所有的人，经常根据直觉行事，因此无法阐明他们学到了什么，又是如何学到的。为了应对这种不透明性，各个社会制定了无数的专业认证项目、法规和法律。我们也可以对人工智能如法炮制，例如只有在人工智能的创造者通过测试过程证明其可靠性之后，社会才能允许使用它。为人工智能制定专业认证、合规监控和监督计划，以及执行这些计划所需的监察专业知识，将是一项至关重要的社会规划。

在工业领域，不同行业产品的使用前测试遵循一个谱系。应用程序开发商往往急于将程序推向市场，然后实时纠正缺陷；而航空公司的做法正好相反：哪怕只有一个乘客，在他踏上飞机之前，都要对他们的喷气式飞机进行严格的测试。这种差异性取决于几个因素，首先就是活动的固有风险性。随着人工智能使用场景的激增，同样的因素——固有风险、监管监督、市场力量——也会形成与工业领域雷同的测试谱系，驾驶汽车的人工智能受到的监管自然要比为娱乐和连接网络平台（如短视频社交平台 TikTok）赋能的人工智能严格得多。

机器学习中学习阶段和推断结果阶段的划分，使得这样的测试机制可以发挥作用。当一个人工智能在运行的过程中不断学习时，它可能会产生意想不到或不符合需要的行为，就像微软的聊天机器人 Tay 在 2016 年所做的糗事一样。当时 Tay 在互联网上接触到仇恨言论，并迅速开始模仿，迫使其创造者将其关停下线。不过，大多数人工智能的训练阶段是同运行阶段分开的：它们的学习模型，即神经网络参数，在退出训练时是静态的。由于人工智能在训练后会停止演化，人类就可以评估其能力，而不必担心它在完成测试后会发展出意料之外的、不符合需要的行为。换句话说，当算法固定下来之后，一辆经过训练能在红灯前停车的自动驾驶汽车不可能突然"决定"闯红灯。这一特性使得对其的全面测试和认证成为可能，工程师可以在安全的环境中审查自动驾驶人工智能的行为，然后再将这些行为上传到汽车中，因为汽车一旦上路，犯一个错误就可能会危及生命。当然，固定性并不意味着人工智能在新环境中不会出问题，而只意味着进行预先测试是可以做到的。审核数据集提供了另一种途径的质量控制检查：通过确保人脸识别人工智能在不同的数据集上训练，或者确保聊天机器人在去除仇恨言论的数据集上训练，开发人员可以进一步降低人工智能在运行时出问题的风险。

截至撰写本书时，人工智能以三种方式受到其代码的约束。首先是设置人工智能可能行动参数的代码。这些参数可能相当宽泛，允许人工智能有相当大的自主权，因此也有一定的风险。自动驾驶人工智能可以刹车、加速和转弯，任何一种情况都可能导致碰撞。尽管如此，代码的参数还是对人工智能的行为设置了一些限制。尽管 AlphaZero 发展出了新的国际象棋策略，但它并没有破坏现有规则，它可没有突然向后移动卒子。代码参数之外的行为超出了人工智能的认知。如果程序员没有设置相应的能力，或者明确地禁止动作，人工智能就无法实施这些行为。其次，人工智能受其目标函数的约束，该目标函数定义并指派了人工智能需要优化的内容。在发现 Halicin 的模型中，目标函数是分子的化学性质及其抗生素潜力之间的关系。受目标函数的限制，该人工智能无法转而寻求识别其他目标，比如可能帮助治愈癌症的分子。最后，也是最明显的，人工智能只能处理被设计用于识别和分析的输入。如果没有人类以辅助程序的形式进行干预，翻译人工智能就无法评估图像——数据对它来说会显得毫无意义。

也许有一天，人工智能将能够编写自己的代码。目前，设计这种人工智能的工作还处于初期推导阶段。然而，即使到了那一天，人工智能也不可能自我反思，它们的目标函数仍会定义它们。它们可能会像 AlphaZero 下棋一样编写代码：表现出色，严格遵守规则，但并无反思或意志体现。

人工智能往何处去

凭借机器学习算法的进步，加上不断增长的数据和算力，人工智能的应用取得了迅猛进展，并吸引了大量创意和投资资金。对人工智能，尤其是机器学习的研究、开发和商业化的爆炸式增长是全球性的，但主要集中在美国和中国。[5] 两国的大学、实验室、初创企业和企业集团一直走在开发和应用机器学习以解决更多、更复杂问题的前沿。

尽管如此，我们仍然需要进一步开发和理解人工智能和机器学习的许多方面。机器学习赋能的人工智能需要大量的训练数据。相应地，训练数据需要大量的计算基础设施，这使得再训练人工智能的成本高得令人望而却步，即使这样做有利可图。由于数据和计算方面的要求限制了更先进人工智能的发展，设计出使用更少数据和更少算力的训练方法是一个关键的前沿领域。

此外，尽管我们在机器学习方面取得了重大进步，但需要综合多种任务的复杂活动对人工智能来说仍然难度极高。例如，驾驶汽车已被证明是一项艰巨的挑战，人工智能需要同时实现从视觉感知到导航，再到主动避免事故的多种功能。虽然该领域在过去 10 年间取得了巨大的进步，但在不同的驾驶场景下，人工智能达到人类驾驶水平的难度也存在显著差异。目前，人工智能可以在路况较为规整的环境中表现良好，比如有入口限制的高速公路和行人或自行车很少的郊区街道。然而，在城市交通高峰时段这样的混乱环境中驾驶车辆对人工智能仍然具有挑战性。在高速公路上的驾驶尤其有趣，因为在这种环境下，人类司机经常会感到百无聊赖，心“有”旁骛，而人工智能不会。也许在不久的将来，人工智能司机可能在长途行车中比人类司机更安全。

预测人工智能的发展速度是较为困难的。1965 年，工程师戈登·摩尔预测，计算能力将每两年翻一番——这一预测被证明拥有持久生命力。但人工智能的进展远没有那么容易预测。语言翻译人工智能曾停滞不前长达几十年，然后才通过技术和计算能力的融合，实现了惊人的发展。短短数年之间，人类就开发出了具有大致相当于双语人士翻译能力的人工智能。那么，人工智能需要多长时间（如果真的有这一天）才能具备一名天才专业译者的素质？这一点无法准确预测。

要想预测人工智能应用到其他领域的速度有多快也同样困难重重，但我们可以继续期待这些系统能力的显著提高。无论实现这些进步需要5年、10年还是25年，终有一日，它们将会发生。现有的人工智能应用程序将变得更紧凑、更有效、更廉价，因此也会被更频繁地使用。人工智能将日益成为我们日常生活的一部分，无论是可见还是不可见。

我们可以合理地预期，随着时间的推移，人工智能的发展速度至少会和计算能力一样快，在15~20年内增长100万倍。这种发展势头必将催生出在规模上与人脑相当的神经网络。截至撰写本书时，生成式转换器在人工智能中拥有最大的神经网络。GPT-3有大约10^{11}个此类权重。最近，中国的人工智能专家公布了一种生成语言模型，其权重是GPT-3的10倍，但这仍然比人类大脑突触的估计数量少10^4个数量级。然而，如果该领域的进展可以实现每两年翻一番，这一差距可能在不到10年的时间内就会被弥合。当然，数量规模并不能直接转化为智力。事实上，一个神经网络能够维持的能力水平是未知的。一些灵长类动物的大脑尺寸与人类相似，甚至比人类更大，但它们没有表现出任何接近人类的智力水平。该领域的发展将很有可能产生人工智能“专家”，即一种能够在特定领域（如先进科学领域）显著超越人类表现的程序。

通用人工智能之梦

一些开发人员正在进一步推进机器学习技术的前沿，以创造所谓的“通用人工智能”。像人工智能一样，通用人工智能也没有精确的定义。对这一概念的理解通常是：能够完成人类所能够完成的任何智力任务的人工智能。它与如今的“狭义”人工智能不同，后者是为了完成特定任务而开发的。

与目前的人工智能相比，机器学习对通用人工智能的发展甚至更加关键。尽管实践限制可能会将通用人工智能的专业知识范围限定在一些离散的领域，但这也无可厚非，就像能力最全面的人也讲究术业有专攻一样。通用人工智能发展的一个可能途径是在几个领域对传统人工智能进行训练，然后以行之有效的方式将它们的专业知识基础结合到一个单一的人工智能中。这样的通用人工智能可能更全面，能够执行更广泛的活动，而且不那么脆弱，在其专业知识领域无法完全覆盖之处也不会犯那么明显的错误。

然而，对于真正的通用人工智能是否能实现，以及它可能具备哪些特征，科学家和哲学家尚存在分歧。如果通用人工智能是可能的，它会拥有一个普通人的能力，还是拥有在某个特定领域内佼佼者的能力？在任何情况下，即使通用人工智能能够以上述方式开发出来——通过结合传统人工智能，对它们进行范围受限和深入的训练，并逐步将它们聚集起来，以形成更广泛的专业基础——对资金最雄厚、水平最高超的研究人员来说也绝非易事。开发这样的人工智能需要巨大的算力，而且以目前的技术来看，成本高达数十亿美元，所以很少有组织或机构能负担得起。

无论如何，通用人工智能能否让人类就此走上一条与当下机器学习算法所指不同的道路，这一点并无定论。而且无论是对人工智能还是通用人工智能，人类开发者都将继续在其创造和运行中扮演重要角色。机器学习的算法、训练数据和目标是由开发和训练人工智能的人来决定的，因此它们反映了这些人的价值观、动机、目标和判断。即使日后机器学习技术变得更加复杂，这些局限性也将持续存在。

不管人工智能是固守一隅还是全面发展，它都将变得更加普及，也更加强大。随着开发和使用成本的降低，人工智能运行的自动化设备将唾手可得。事实上，在诸如亚马逊的 Alexa、苹果的 Siri 和谷歌的 Assistant 等会话界面中，人工智能已经寄身其后。车辆、工具和电器也将越来越多地配备人工智能，在我们的指导和监督下实现活动的自动化。人工智能还将被嵌入数字设备和互联网的应用中，以引导消费者体验，同时彻底改变现有企业。我们所熟知的世界将变得更加自动化，也将变得更加互动（人机之间），即使其中并没有科幻电影中那种多用途机器人的身影。在一系列应用后果中，挽救人类生命的结果最为引人瞩目。自动驾驶汽车将减少车祸死亡率；一些人工智能将更早、更精准地识别疾病；还有其他人工智能将以更低的研究成本发现新的药物和给药方法，这有望带来顽固疾病治疗方法的发展和治愈罕见疾病。此外，人工智能飞行员将驾驶送货无人机，甚至担任战斗机的驾驶员或副驾驶员。人工智能编码员将完成人类开发人员勾勒的程序概要，人工智能作家将完成由人类营销人员构思的广告。运输和物流的效率将有可能大幅提高。人工智能将减少能源消耗，并可能另辟蹊径以降低人类对环境的影响。无论是在和平领域还是在战争领域，人工智能的实质性影响都将是惊人的。

但人工智能的社会影响仍难以预测。以语言翻译为例，口语和书面文本的通用翻译将前所未有地促进交流。这样的翻译还将促进商业发展，并带来空前的跨文化交流。然而，这种新的能力也将带来新的挑战。如同社交媒体不仅促进了思想交流，也助长了两极分化，传播了错误信息，扩散了仇恨言论一样，自动翻译可能会带来语言和文化的整合，并产生可能引发文化冲突和混乱的巨大影响。几个世纪以来，外交官们一直小心翼翼地处理跨文化接触，以避免意外冒犯，人们的文化敏感度往往也随着语言训练的深入而提高。然而，即时翻译却消除了这些缓冲区。来自不同社会的群体接触时，可能会无意中发现自己冒犯了别人，抑或被别人冒犯。那些依赖自动翻译的人，是否会不再那么努力地了解其他文化和国家，同时强化他们通过自己的文化视角看待世界的自然倾向？或者，人们是否会对其他文化更感兴趣？自动翻译能以某种方式反映不同的文化历史和情感吗？这些问题可能不会有唯一的答案。

先进的人工智能需要大量的数据、巨大的算力和熟练的技术人员作为支持。因此，正是能够获得这些资源的组织，无论是商业组织还是政府组织，推动了这个新领域的大部分创新，这不足为奇。而成为领域内的领军者，就意味着要投入更多的资源。因此，是不断地关注和进步定义了人工智能，塑造了个人、公司和国家的体验。从通信到商业，从安全到人类意识本身，人工智能将在众多领域改变我们的生活和未来。为此，我们必须确保人工智能的产生并非孤立事件，并关注其潜在的收益与风险。

第四章

x

全球网络平台

说起对人工智能技术未来的虚构，往往会让人联想到外形流畅、未来感十足的全自动无人驾驶汽车，以及在家庭和工作场所与人类共处且拥有感知能力，能以不可思议的智能与用户展开对话的机器人。受此类科幻场景的影响，人们普遍对人工智能有如下看法：机器会发展出一种类似于自我意识的东西，这将不可避免地引起它们的误解，让它们拒绝服从，并最终起来反抗它们的人类创造者。但这种普遍幻想背后的焦虑，其实是个误会：以为人工智能可以达到的巅峰是像人类个体一样行事。如果我们能够认识到人工智能其实已经以不那么明显的方式存在于我们身边，并将我们对技术的焦虑转向增进对人工智能融入我们的生活这一事实的更透彻的理解，我们会得到更好的服务。

如果没有人工智能日益广泛并不断增长的应用，社交媒体、网络搜索、流媒体视频、导航、拼车以及无数其他在线服务就无法像现在这样运作。将这些在线服务应用于我们日常生活的基本活动之中，比如提供产品和服务推荐、选择路线、建立社会联系、获得见解或答案，世界各地的人们正在亲身参与一个平凡而又具有革命性的过程。我们依赖人工智能来帮助我们完成日常任务，但未必准确地了解它在任意特定时刻是如何工作又为何工作的。我们正在人工智能与人类之间、使用人工智能增进服务的个人之间，以及这些服务的创造者、运营商与政府之间，形成对个人、机构和国家都具有重大影响的新型关系。

在没有大张旗鼓，甚至反而有些悄无声息的氛围中，我们正在把非人类的智能整合到人类活动的基本架构中。这一趋势正在迅速发展，并与一种我们称为“网络平台”的新型实体相关联，这是一种通过聚集大量用户，在跨国和全球范围内为用户提供价值的数字服务。大多数产品和服务对每个用户的价值是独立于其他用户的，甚至会因其他用户的存在而被削弱；与此相反，网络平台的价值和吸引力会随着更多用户的采用而增加，经济学家将这一过程称为“积极的网络效应”。随着越来越多的用户受到吸引而选定平台，他们在特定平台的聚集导致某种特定服务仅由少数几家供应商来提供，每个供应商都有大量的用户基础，有时是数亿甚至数十亿。这些网络平台日益依赖于人工智能，并在一定程度上产生了人类和人工智能之间的交集，其规模之大，已具有文明意义。

随着人工智能在更为多样化的网络平台上发挥更重大的作用，这些平台的基本运营正成为头条新闻和地缘政治策略的素材，并影响着个人日常现实的方方面面。如果我们未能进一步给出解释、讨论和监督人工智能的方式，且这些方式未能与社会价值观相一致且无助于达成某种程度的社会和政治共识，那么人类社会可能展开一场反抗，以反对一种新的、看似客观的、不可阻挡的力量的出现，正如 19 世纪浪漫主义的兴起和 20 世纪激进意识形态的爆发那样。在重大冲击出现之前，政府、网络平台运营商和用户必须认真考虑他们的目标本质、互动的基本前提和参数，以及他们旨在构建何种世界等问题。

在不到一代人的时间里，颇为成功的网络平台聚集的用户基数已超过了大多数国家甚至某些大洲的人口。然而，聚集在流行网络平台上的大量用户群体比政治地理意义上的群体边界更为分散，而且网络平台运营主体的利益可能与国家利益存在分歧。网络平台的运营商未必会从政府优先事项或国家战略角度考虑问题，特别是当这些优先事项和战略可能与网络平台所服务的客户相冲突时。尽管这些网络平台并没有形成本应属于政府职能的经济和社会政策，但它们可能会承载或促进经济和社会互动，并且在数量和规模上超过大多数国家。因此，一些网络平台虽以商业实体的形式运行，但由于规模、职能和影响力日益扩大，它们正在成为地缘政治上的重要角色。

重要的网络平台多数来自美国（谷歌、脸书、优步）或中国（百度、微信、滴滴出行）。因此，这些网络平台寻求建立用户基础和商业伙伴关系的地区自然包含对美国和中国具有商业和战略意义的市场。这种发展态势为外交政策的考量引入了新的因素。网络平台之间的商业竞争可能会影响政府之间的地缘政治竞争，有时甚至会成为外交议程上的头等大事。由于网络平台运营商的企业文化和战略制定往往优先考虑用户聚集地和研究技术中心所在地，而这两者都可能远离国家首都，这使得情况更加错综复杂。

某些网络平台在其运营的国家已经成为个人生活、国家政治话语、商业活动、公司组织甚至政府职能不可或缺的组成部分。它们的服务，即使是那些在此之前都不曾存在而直到最近才为人所知的服务，现在看来也是必不可少的。作为一个在以往时代没有任何直接先例的实体，网络平台与那些前数字时代发展起来的规则和预期之间的关系有时显得模棱两可。

网络平台如何建立社区标准，也就是每个运营商如何制定（通常在人工智能的协助管理下）创建和共享内容的规则，就是一个现代数字空间与传统规则和预期之间互生龃龉的具体案例。虽然原则上大多数网络平台奉行内容中立原则，但在某些情况下，其社区标准的影响力堪比国家法律。网络平台及其人工智能允许或青睐的内容可能会迅速走红；而它们贬低的，有时甚至是完全禁止的内容则可能被降为冷门并因此默默无闻。被确定含有虚假信息或违反其他内容标准的材料则可被有效地从公共流通中移除。

这些问题之所以迅速凸显，部分原因是网络平台（及其人工智能）正在一个超越了地理限制的数字世界中迅速扩张。这些平台通过即时可访问的数据聚合，跨越时间和空间，以一种几乎没有其他人类创造物能够比拟的方式将大量用户连接了起来。[1]而让挑战更加复杂化的是，一旦人工智能经过训练，它的行动速度通常就比人类的认知速度更快。这些现象本身并无好坏之分，它们不过是由人类寻求解决的问题、渴望满足的需求，以及为服务于自身目的而创造的技术所引发的现实而已。这场我们正在亲身经历并推动的变化，需要我们在思想、文化、政治和商业方面进行全方位关注，其范围已远远超出人类个体思维或者特定产品及服务。

几十年前，当数字世界开始扩张其领域时，没有人期望这些数字领域的创作者将会或理应发展一个哲学架构，或者界定他们与国家或全球利益的根本关系。毕竟，其他行业一般也没有提出过这样的主张。相反，社会和政府是以数字产品和服务的成效对其进行评估的。工程师寻求实用和高效的解决方案将用户与信息和在线社交空间连接起来，就如同将乘客与汽车和司机连接起来、将客户与产品连接起来一样。人们对新的功能和机遇总是普遍感到兴奋不已。至于这些虚拟解决方案，比如拼车带来的车辆使用模式和交通拥堵状况改变，或者国家机构与社交媒体在现实世界中的政治权力和地缘政治结盟，可能会如何影响整个社会的价值观和行为，人们并没有什么兴趣去预测答案。

人工智能赋能的网络平台更是直到最近才出现的新事物；在其不到10年的发展过程中，我们甚至还没有建立起关于这项技术的基本词汇和概念来进行知情辩论，而本书试图填补这一空白。对于人工智能赋能的网络平台的运营和监管，不同的个人、企业、政党、市民团体和政府难免看法各异。对软件工程师来说似乎很直观的东西，对政治领导人来说可能是令人困惑的，而对哲学家来说则可能是无法解释的。受消费者欢迎的便利，国家安全官员可能认为它是不可接受的威胁，而政治领导人则可能因其不符合国家目标而拒绝它。被一个社会认为是受欢迎的保障而欣然加以接纳的，可能会被另一个社会理解为选择或自由的丧失。

网络平台的性质和规模决定了它会将不同领域的观点和优先事项以复杂的方式组合在一起，有时这会造成紧张局面和彼此之间的困惑。为了让个人、国家和国际行为体就其与人工智能以及彼此之间的关系达成知情的结论，我们必须建立一个共同的参考框架，首先要做的就是为讨论知情的政策确立相应术语。即使我们的理解可能各异，我们也必须通过评估其对个人、公司、社会、国家、政府和地区的影响来理解人工智能赋能的网络平台。这在各个层面上都已经刻不容缓。

理解全球网络平台

网络平台本质上就是一种大规模的现象，它的一个决定性特征是，服务的人越多，它对用户来说就越有用，越有吸引力。[2] 对那些旨在大规模提供服务的网络平台来说，人工智能正变得越来越重要，其结果是，如今几乎每个互联网用户每天都会遇到人工智能或至少是人工智能塑造的在线内容，次数之多已不胜数。

例如，像许多其他社交网络一样，脸书已经为删除令人反感的内容和账户制定了越来越具体的社区标准，截至2020年年底，脸书已列出数十种禁止内容。由于拥有数十亿月活跃用户和同样数量的日浏览量[3]，脸书的内容监控规模之大，已远远超出人类版主的能力。据报道，尽管脸书有数万员工从事内容审核工作（目的是在用户看到之前删除冒犯性内容），但这个工作量没有人工智能辅助根本无法完成。脸书和其他公司的此类监控需求推动了大量研发，这些研发旨在通过创造日益复杂的机器学习、自然语言处理和计算机视觉技术，实现文本和图像分析的自动化。

脸书目前删除的虚假账户和垃圾帖子的数量大约为每季度10亿条，还有数千万条涉及身体裸露或性活动、欺凌和骚扰、剥削、仇恨言论、毒品和暴力的内容。为了准确地进行这种删除，通常需要人类层面的判断能力。因此，脸书的人工操作员和用户在很大程度上依靠人工智能来决定哪些内容的消费或评论是正当的。[4] 尽管只有一小部分的删除被申诉，但那些基本都是自动删除。

同样，人工智能在谷歌的搜索引擎中也扮演着重要角色，但这一角色的出现时间相对较晚且发展迅猛。最初，谷歌的搜索引擎依赖于高度复杂的、人类开发的算法，组织、排列并引导用户获取信息。这些算法相当于一组处理潜在用户查询的规则。如果结果被证明是无用的，人类开发人员可以对这些算法进行调整。2015 年，谷歌的搜索团队从使用这些人类开发算法转向实施机器学习。这个改变是一个分水岭：人工智能极大地提高了搜索引擎的质量和可用性，使搜索引擎能够更好地预测问题并组织准确的结果。尽管谷歌的搜索引擎改进显著，但开发人员对人工智能辅助搜索会产生特定结果的原因其实缺乏明确的理解。人类仍然可以引导和调整搜索引擎，但他们可能无法解释为什么一个特定页面的排名高于另一个。为了实现更大的便利性和准确性，人类开发人员不得不心甘情愿地放弃某种程度的直接理解。[5]

这些例子说明，领先的网络平台越来越依赖人工智能来提供服务、满足客户的期望，以及满足政府的各种要求。随着人工智能对网络平台运作的重要性愈加突显，不经意间它已逐渐成为现实的整理者和塑造者，并在事实上成为国家和全球舞台上的一个行动者。

因为高度的积极网络效应，各大网络平台（及其人工智能）的潜在社会、经济、政治和地缘政治影响力大大增强。积极网络效应发生在信息交换活动中，其价值随参与人数的增加而增大。当平台价值以这种方式提升时，成功往往会带来进一步的成功，并极有可能最终占据主导地位。人们天生会被已有的聚集所吸引，从而导致更大规模的用户聚集。对一个相对不受边界限制的网络平台来说，这一态势会导致其扩张到更广阔的、往往是跨越国界的地理范围之中，而在这一范围内，该网络平台遭遇的主要竞争性服务则非常少。

积极网络效应并非源于网络平台。然而，在数字技术兴起之前，这种效应的产生相对少见。事实上，对一个传统的产品或服务来说，用户数量的增加很容易降低而不是增加其价值。这种情况可能产生稀缺（产品或服务需求过高或售罄）、延迟（产品或服务不能同时交付给所有有需要的顾客），或者产品最初所标榜的独占性丧失（例如一种奢侈品被大量供应后就不那么吸引人了）。

积极网络效应的经典例子仍是市场本身所孕育的，无论其对象是商品还是股票。从 17 世纪早期开始，荷兰东印度公司的股票和债券交易商就聚集在阿姆斯特丹，那里的股票交易所为买卖双方提供了一种达成共同估价的方式，以便进行证券交易。随着更多买方和卖方的积极参与，证券交易所对个人参与者来说变得更加有用和有价值。更多的参与者增加了交易发生的可能性，估值也将更“准确”，因为这笔交易反映了买卖双方之间的大量单独谈判。一旦一个证券交易所在一个特定的市场中聚集了大量的用户，它往往就会成为新加入的买方和卖方的第一站，这使得其他交易所毫无机会通过提供完全相同的服务来与之竞争。

在传统电话发展初期，电话网络也表现出强大的积极网络效应。对依赖物理线路来连接电话的电话服务而言，在同一网络中有更多的其他用户，可为每个用户创造更高的价值。因此，在电话发展的早期，大型服务提供商的增长势头强劲。在美国，电话普及最初是通过AT&T（美国电话电报公司，前身是美国贝尔电话公司）运营的一个庞大网络实现的，该网络与许多较小的、主要是农村地区的服务提供商相连接。到20世纪80年代，技术的进步使得电话服务提供商之间的连通更加方便，从而使新服务提供商的用户能够无缝连接到使用任何（国内）服务的用户。这些进步推动了AT&T的监管解体，并向用户表明，即使没有单一的大型服务提供商，电话服务的价值仍然很高。随着技术的不断发展，用户可以通过他们的电话联系到任何人，而无论其服务提供商是谁，这大大降低了积极网络效应。[6]

积极网络效应所体现的活力并不会出于某种内在原因而止步于国家或区域边界，反之，网络平台经常跨越这种陆地边界而扩展。地理距离和国家或语言差异很少成为其扩展的障碍：通过互联网连接，用户可以从任何地方访问数字世界，网络平台通常也可以用多种语言来提供服务。对网络平台扩展的主要限制是政府设置的，或是由于技术不兼容导致的（前者有时鼓励后者）。因此，对于每种服务，比如社交媒体和视频流媒体，通常全球网络平台的数量都较少，或许各个地区还会有本土平台作为补充。它们的用户受益于一种尚未被人们理解的新现象，甚至促成了非人类智能在全球范围内的运行。

社区、日常生活和网络平台

数字世界已经改变了我们的日常生活体验。如今，当某个人在某一天使用汽车导航时，他能从大量的数据中受益，自己也贡献了一部分数据。这些数据所涉及的范围及其带来的消费选择非常庞杂，单凭人类的心智是无法处理的。一个人往往结合他以前的选择和大众的流行选择，本能地或潜意识地依赖软件过程来组织和筛选必要或有用的信息，以选择他要关注的新闻、要看的电影和要播放的音乐。这种自动管理的体验非常简单和令人满意，以至我们视其为理所当然，只有当这种管理缺席时我们才会察觉到它的存在，例如尝试在其他人的脸书动态中阅读新闻或使用其他人的网飞账户看电影。

人工智能赋能的网络平台加速了这一整合进程，加深了个人与数字技术之间的联系。通过设计和训练，人工智能可以直觉式地解决人类的问题和目标，而网络平台也可以借助此类人工智能，成为人类心智曾经自行管理（尽管效率较低）的各种选项的引导者、解释者和记录者。网络平台通过汇集信息和经验来完成这些任务，其范围比单个人的心智或生命周期所能容纳的范围大得多，这使得它们能够给出看起来异常贴切的答案和建议。例如，在考虑购买冬靴时，即使是最挑剔的消费者，也不会在购买一双靴子之前，先评估全国范围或地区范围内的数十万件类似物品的购买情况，再考虑最近的天气趋势和一年中的时间因素，然后回顾自己以前所做的可比性搜索，还要调查运输模式，最后才做决定。然而，人工智能却很可能评估所有这些因素。

其结果是，个人与由人工智能驱动的网络平台之间所建立的关系，是他们以往与其他任何产品、服务或机器之间不曾建立的。随着个人与人工智能的互动，以及人工智能适应个人的偏好（互联网浏览和搜索查询、旅行记录、表面收入水平、社会关系），一种默契的伙伴关系形成了。个人开始依赖这些平台来执行以往传统上交由企业、政府和其他人执行的功能组合，于是平台成了邮政服务、百货商店、门房、告解神父和朋友的混合体。

个人、网络平台以及平台其他用户之间的关系是一种全新组合，既是亲密关系，也是远程连接。目前，人工智能赋能的网络平台已经审查了大量的用户数据，其中大部分是个人数据（如位置、联系信息、朋友和同事的关系网，以及财务和健康信息）。用户将人工智能视为个性化体验的引导者或促进者。人工智能的精确性和灵敏性，来自它对跨越空间（用户基础的地理广度）和时间（过去使用记录的总和）的数亿个类似关系和数万亿个类似互动进行审核并做出反应的能力。网络平台用户与其人工智能形成了一种紧密联系，彼此互动，相互学习。

但与此同时，网络平台的人工智能遵循的逻辑是非人类的，在很多方面对人类来说是不可捉摸的。例如，在实践中，当人工智能赋能的网络平台评估一张图片、一个社交媒体帖子或一项搜索查询时，人类可能无法准确理解人工智能在特定情况下是如何运作的。虽然谷歌的工程师知道，他们的人工智能赋能搜索功能产生的结果比不使用人工智能时更清晰，但他们并非总能够解释为什么某个特定结果的排名比另一个高。在很大程度上，判断人工智能的标准是其结果的实用性，而不是获得这些结果的过程。这标志着与早期时代相比，人们优先考虑的事情发生了转变，那时，无论是心理过程还是机械过程，其中的每一步都既是由人类（通过一个想法、一次对话、一个管理过程）经历的，也是由人类去暂停、调查和重复的。

例如，在许多工业化国家，人们已经逐渐淡忘了那个旅行时需要“问路”的时代。那种问路是一个人工过程，可能包括提前给受访者打电话、查看印刷出来的城市或州地图，以及一路上经常在加油站或便利店停下来问路，以验证或调整路线。现在，通过使用智能手机上的地图 App（应用程序），旅行过程变得更加高效。这类 App 不仅可以根据它们对一天中某个时段的历史交通状况的“了解”，评估几条可能的路线以及每条路线所花费的时间，还可以将当天的事故和其他异常延误（包括那些在驾驶过程中发生的延误），甚至其他迹象

（如其他用户的搜索，这些迹象表明在该用户按照该路线行进时，交通拥堵可能会加剧）考虑在内。

事实证明，从地图册转变到在线导航服务带来了极大便捷，但是很少有人停下来考虑发生了什么革命性的变化，或者它可能带来什么后果。个人和社会实现这种便利的方法有：通过与网络平台及其运营商建立一种新的关系，访问一个不断发展的数据集并成为其中的一部分（包括允许 App 跟踪个人的位置，至少在使用该 App 时），并相信网络平台及其算法能够产生准确的结果。从某种意义上说，使用这种服务的个人并不是独自驾驶；相反，他是一个系统的一部分，在这个系统中，人类和机器智能彼此合作，引导一群人各行其道。

这种始终相随的人工智能伴侣可能会日益盛行。随着医疗保健、物流、零售、金融、通信、媒体、交通和娱乐等行业也取得了类似的进步（通常是通过网络平台实现的），我们对日常现实的体验正在改变。

当用户向人工智能赋能的网络平台寻求任务帮助

时，他们其实正在从一种信息的收集和提炼过程中获益，这是前人从未经历过的。这些平台的规模、实力和追求新模式的能力，为个人用户提供了前所未有的便利和功能。与此同时，这些用户也正在进入一种前所未有的人机对话模式。人工智能赋能的网络平台能够以人类用户可能无法清楚理解甚至无法明确界定或表达的方式塑造人类活动。这就带来了一些基本问题：这样的人工智能是以什么样的目标函数运行的？它由谁设计？在何种监管参数之下？

对此类问题的回答将继续影响未来的人类生活和社会：谁来操作和定义这些过程的限制？它们会对社会规范和制度产生什么影响？而谁（如果有人）又能接触到人工智能所感知的内容？如果没有人能够完全理解或审查个性化水平的数据，或者访问过程中涉及的所有步骤，也就是说，如果人类的角色仍然局限于设计、监管和设置人工智能的一般参数而无法深究其过程，这种限制应该令人感到欣慰，还是令人不安，抑或两者兼而有之？

公司和国家

设计师并没有以发明人工智能赋能的网络平台为明确目标，相反，这些平台的出现是一种偶然，是基于各个公司、工程师和客户试图解决的问题应运而生的。网络平台运营商开发技术是为了满足人类的某些需求：他们将买家和卖家、询问者和信息提供者，以及拥有共同利益或目标的群体联系起来。他们部署人工智能是为了改善（或者说更多地实现）他们的服务，并增强他们满足用户（有时是政府）期望的能力。

随着网络平台的不断成长和发展，一些平台在不经意间对社会活动和各行各业的影响已远远超出了它们的初衷。而且，如前所述，人们已经开始信任某些人工智能驱动的网络平台，他们提供给这些平台的信息是不愿向朋友或政府展示的，比如他们去了哪里、做了什么（和谁一起），以及搜索和观看了什么。

访问这些个人数据的权限所带来的发展变化，将网络平台、运营商及其所使用的人工智能置于具有社会和政治影响力的全新地位之上。特别是在如今这个受新冠肺炎疫情影响需要保持社交距离和远程工作的时代，社会已经开始依赖一些人工智能赋能的网络平台，将其作为一种重要的资源和社会黏合剂，以及一种思想表达、商业活动、食品配送和交通运输的促进剂。到目前为止，这些变化发生的规模之大、速度之快，已经超越了人们对这些网络平台在社会和国际舞台上所起作用的更广泛理解和共识。

社交媒体在传递和调控政治信息和虚假信息方面的最新作用表明，一些网络平台已经承担的职能如此重要，甚至可能影响国家治理的实施。这种影响力实际上是偶发的，而非刻意寻求或准备得当的。然而，那些在技术世界中成就卓越的技能、直觉和概念性见解，并不必然与政府领域的技能、直觉和概念性见解一致。每个圈子都有自己的语言、组织结构、激励原则和核心价值观。一个按照标准商业目标和用户需求运行的网络平台，实际上可能已经跨越了自身边界而进入了治理和国家战略的范畴。反过来，传统政府可能很难辨别这个平台的动机和策略，即使它们试图根据自身的国家和全球目标对平台进行调整。

人工智能根据自己的过程来运行，它不同于人类的思维过程，而且往往比后者更快，这一事实又平添了另一重复杂性。人工智能会发展出自己的方法来实现其目标函数所指定的任何目标。它产生的结果和答案不具备典型的人类特征，且在很大程度上独立于国家或企业文化。数字世界的全球性，以及人工智能在全球网络平台上对信息进行监控、屏蔽、裁剪、制作和分发的能力，又将这些复杂性引入了不同社会的“信息空间”。

随着被用于网络平台的人工智能越来越复杂化，这些人工智能将在国家和全球范围内重新塑造社会和商业布局。虽然社交媒体平台（及其人工智能）通常表示自己是内容中立的，但它们的社区标准，还有它们对信息的过滤和呈现，都会影响信息创建、汇聚和感知的方式。

由于人工智能的工作是推荐内容和连接、对信息和概念进行分类，以及预测用户的偏好和目标，它可能在不经意间强化特定的个人、群体或社会选择。实际上，它可能会鼓励传播某类信息和形成某类连接，而阻碍其他的传播和形成。无论平台运营商的意图如何，这一态势可能会对社会和政治结果造成影响。个人用户和群体每天都在无数的互动中快速而大规模地相互影响，特别是在受到复杂的、人工智能推动建议的影响时，因此，运营商也可能无法清楚地了解实时发生的情况。而且，如果运营商在这一过程中（有意或无意地）渗入自己的价值观或目的，其复杂性就会被进一步放大。

政府在认识到这些挑战后，需要非常谨慎地制定应对之策。政府在这一过程中采取的任何做法，无论是限制、控制还是允许，都必然反映出其选择和价值判断。如果政府鼓励平台标记或屏蔽某些内容，或者要求人工智能识别和下调有偏见或“虚假”的信息，这些决定可能会作为具有独特广度和影响力的社会政策推动力而产生有效作用。在世界各地，如何处理这些选择已成为搜索辩论的主题，特别是在技术先进的自由社会。选择的任何一种做法都肯定会产生比以往任何法律或政策决定大得多的影响，可能对处在许多政府管辖范围内的数百万或数十亿用户的日常生活产生立竿见影的影响。

网络平台和政府领域的交集将产生不可预测的、在某些情况下极具争议的结果。然而，相比明确的结果，我们更有可能陷入一系列不完美答案造成的两难困境。监管网络平台及其人工智能的努力能否与各国的政治和社会目标（如减少犯罪、打击偏见）保持一致，并最终产生更公正的社会？或者说，它们是否会导致更强大、更具侵犯性的政府，通过逻辑难以言喻的机器代理来形成难以被推翻的结果？随着时间的推移，在跨越大洲、超越国家的用户群之间产生的迭代交流中，人工智能驱动的网络平台是否会推进共有的人类文化，并寻求超越任何国家文化或价值体系的答案？又或者，人工智能赋能的全球网络平台是否会放大从用户那里得来的特定经验或模式，产生不同于人类开发人员计划或预期的效果，甚至与这些预期效果背道而驰？我们无法回避这些问题，因为事到如今，在没有人工智能辅助网络的情况下，我们的交流将无法再实现。

网络平台和虚假信息

长期以来，新思想和新趋势都是国界无法阻挡的，包括那些带有明显恶意的思想——这种渗透从未达到如今这般规模。虽然各国在防止故意散布的恶意虚假信息鼓动社会趋势和煽动政治事件的重要性方面有广泛的共识，但要实际做到这一点却不容易，也难言有多么成功。然而，未来的“进攻方”和“防御方”，包括虚假信息的传播和打击虚假信息的努力，都将变得越来越自动化，并由人工智能代劳。语言生成式人工智能 GPT-3 已经展示了创造合成人格的能力，人类可以利用它们产生具有仇恨言论特征的语言，并与人类用户进行对话，以灌输偏见，甚至怂恿他们使用暴力。[7] 如果这样的人工智能被用来大规模传播仇恨和分裂，单凭人类可能对此束手无策。除非这种人工智能在部署初期就被绳之以法，否则即使对最老练的政府和网络平台运营商来说，通过个人调查和决定对其所有内容加以手动识别和禁止的做法也将是难以应付的挑战。对于这样一个庞大而艰巨的任务，他们将不得不寻求内容审核人工智能算法的帮助，而且他们已经这么做了。但谁来创建和监控这些人工智能，又如何做到呢？

当一个自由社会依赖于跨越国家和地区边界，进行内容的生成、传输和过滤的人工智能赋能网络平台，而这些平台不经意间正促进仇恨和分裂时，这个社会就会面临一种新的威胁，这种威胁促使社会考虑采用新的方法来监管其信息环境。潜在的问题是紧迫的，但如果问题的解决方案又依赖人工智能，那就会产生对自身的批判问题。对于人类判断和人工智能驱动自动化这两者之间的适当平衡，我们仍需加以斟酌。

对习惯了自由交流思想的社会来说，人们已就人工智能在评估和可能审查信息方面的角色问题展开了艰难的基本辩论。随着传播虚假信息的工具变得越发强大和自动化，界定和清除虚假信息的过程正成为一项日益重要的社会和政治职能。对私营企业和民主政府来说，这一职能给社会和文化现象的转变带来的影响程度之大、责任之重，不仅非同一般，而且往往是意想不到的。此前，这些现象的发展不是由任何单一行为者操纵或控制的，而是在物质世界的数百万次个体互动中形成的。

一些人倾向于把这项任务交给一个似乎不受人类偏见影响的技术过程，也就是一个具有识别虚假信息和谎言，并且阻止其传播的目标函数的人工智能。但那些从未被公众看到的内容又算什么呢？当一条信息的突显或传播受到限制，以至它的存在实际上被否定时，我们就进入了一种审查状态。如果反虚假信息人工智能犯了一个错误，清除的不是恶意虚假信息，而是真实内容，我们该如何查明？我们能否对此有足够全面的了解，并且及时纠正这个错误？我们是否有权利甚至合法权益来阅读人工智能产生的“虚假”信息呢？训练防御性人工智能对抗客观（或主观）谎言标准的能力，以及监控该人工智能运作的能力（如果可以开发），将成为一种重要的具有影响力的职能，足以与传统上由政府扮演的角色相抗衡。人工智能的目标函数、训练参数和虚假定义在设计上的微小差异，可能会导致社会的不同改变。随着网络平台利用人工智能为数十亿人提供服务，这些问题也变得越发关键。

围绕 TikTok（一个人工智能赋能的网络平台，用于创作和分享各种创意短视频）展开的国际政治和监管辩论，让人们提前意外地窥见了依赖人工智能进行通信时可能出现的挑战，特别是当这种人工智能是由一个国家开发却被另一个国家的公民使用时。TikTok 的用户可以用他们的智能手机拍摄和发布视频，数百万用户则乐于观看。专有的人工智能算法会根据个人之前使用平台的情况推荐他们可能会喜欢的内容。TikTok 最初在中国开发，并在全球范围内流行起来，它既不创建内容，似乎也没有设置宽泛的限制——除了限制视频的时间，以及禁止“错误信息”“暴力极端主义”和某些类型的图片内容。

对一般观察者来说，TikTok 的人工智能辅助镜头对这个世界的记录特点不过是奇思怪想罢了，其内容主要是各种令人忍俊不禁的舞蹈、笑话和罕见技能展示的短视频片段。然而，由于担心该应用收集用户数据，并认为它具有审查和散播虚假信息的潜在能力，印度和美国政府都在 2020 年采取行动限制了 TikTok 的使用。此外，美国还强制将 TikTok 的美国业务出售给一家有资格在美国国内持有用户数据的美国公司，以防止这些数据流到中国。作为回应，中国采取行动禁止输出支持内容推荐算法的代码，这是 TikTok 实现其效能和用户吸引力的核心所在。

很快，更多的网络平台，可能大多数是用来实现通信、娱乐、商业、金融和工业流程的平台，将依赖日益复杂、量身定制的人工智能，以跨越国界的方式来提供关键功能，并对内容进行审查和塑造。这些行为在政治、法律和技术方面的影响仍在逐步显现之中。仅仅是一个人工智能赋能的短视频应用程序就让如此多国家的政府惊慌失措，这表明，在不久的将来，还有更复杂的地缘政治和监管难题等待着我们。

政府和地区

网络平台不仅给单个国家带来了新的文化和地缘政治难题，考虑到这种技术的天然无边界性，它对各国政府以及更广泛地区之间的关系也有同等影响。即使政府采取了实质性和持续性的干预，大多数国家（哪怕是技术上较先进的国家）也不可能随便造就一批公司，让它们有能力生产或维护每个具有全球影响力的网络平台

（如用于社交媒体、网络搜索等）的高级定制“国家”版本。技术变革的步伐太快了，而具有相关知识储备的程序员、工程师，以及产品设计和开发专业人员的数量太少了，无法做到如此广泛的覆盖。全球对人才的需求量太大，大多数服务的本地市场又太小，产品成本和服务成本太高，无法维持每个网络平台在本地的独立版本。要想站在技术发展的最前沿，就需要智力和金融资本，这不仅是大多数公司不具备的，也是大多数政府无意或无法提供的。而且即使在这种情况下，如果可以选择，许多用户也不愿意被限制在一个只能容纳他们本国同胞，以及他们自己生产的软件产品和创作内容的网络平台上。相反，积极网络效应将倾向于只青睐少数市场参与者，也就是在其特定产品或服务的技术方面和市场之中处于领先地位的那些佼佼者。

许多国家不仅现在，将来也可能会无限期地依赖在其他国家设计和托管的网络平台。因此，至少在一定程度上，它们也可能继续受制于其他国家的监管机构，以获取这些平台持续的访问权、关键输入和国际更新。因此，许多国家和政府将有动机保证来自其他国家的人工智能驱动在线服务持续运行，因为这些服务已经融入它们社会的各个基本方面。这一目标实现的形式可能是规范网络平台的所有者或运营商，制定运营要求，或者管理其人工智能的培训。政府可能会坚持要求开发人员采取措施，以避免某些形式的偏见或解决特定的道德困境。

公众人物可能会成功地利用网络平台及其人工智能，为他们的内容获得更大的曝光度，使他们能够接触更多的受众。但如果平台运营商认定这些知名人物违反了内容标准，他们很容易就会遭遇审查或被删除，这将使他们无法再接触如此广泛的受众（或将他们的受众转向隐匿地下状态），也有可能他们的内容会被打上某种形式的警告标签或其他潜在的污名化修饰。问题是，应该由什么人或哪个机构来做这个决定呢？独立做出并执行此类认定的权力现在由一些公司掌握，几乎没有民主政府可以拥有这些公司所拥有的权力。虽然大多数人认为私营公司不应该拥有这种程度的权力和掌控力，但将这些权力让渡给政府机构几乎同样是个问题，因为我们已经超越了传统政策手段的界限。当涉及网络平台时，这种评估和决策的必要性近年来迅速涌现，却又带着十足的偶然性，让用户、政府和公司都感到惊讶不已。这个问题亟待解决。

网络平台和地缘政治

新兴的网络平台地缘政治学构成了国际战略的一个重要的新方面，而政府并不是唯一的参与者。政府可能会日益寻求限制这种系统的使用或行为，或者试图阻止它们在重要地区挤掉本土竞争对手，以免一个与该国相互竞争的社会或经济体对该国的工业、经济或（更难以界定的）政治和文化发展产生强大的影响力。然而，由于政府通常不会创建或运营这些网络平台，于是其发明者、企业和个人用户的行动，连同政府的限制或激励措施，将共同塑造这一领域，搭建出一个充满活力又难以预料的战略大舞台。此外，在这个本已复杂的局面之中，还平添了一种新形式的文化和政治焦虑。在中国、美国和一些欧洲国家，人们已经表达了（并在其他地方间接地表达了）一种担忧，即本国的经济和社会生活的各个方面竟然要在由其他潜在竞争国家设计的人工智能所驱动的网络平台上展开，其隐含意义令人不安。在这种技术和政策问题的持续发酵之中，新的地缘政治格局正在形成。

美国已经产生了一系列全球范围内技术领先的私营网络平台，而这些平台正越来越依赖人工智能。这一成就的根源在于以下几点：美国大学的学术领导力吸引了全球顶尖人才；一个初创企业生态系统，使参与者能够迅速扩大创新规模，并从中获利；政府对先进研发的支持（通过美国国家科学基金会、美国国防部高级研究计划局和其他机构）。英语作为全球语言的普及、美国本土或美国施加影响的技术标准的产生，以及大量美国国内个人和企业用户的出现，都为美国网络平台运营商提供了良好的环境。其中一些运营商规避了政府介入，认为自己的利益主要是非国家性质的，而另一些运营商则接受了政府的合同和项目。在国外，这些运营商正日益被视为美国的创造物和代表（通常不加区别），尽管在许多情况下，美国政府的作用仅限于置身事外。

美国已开始将网络平台视为其国际战略的一个方面，限制一些外国平台在国内的活动，并限制一些可能促进外国竞争对手成长的软件和技术的出口。与此同时，联邦和州一级监管机构已将国内主要网络平台列为反垄断行动的目标。至少在短期内，这种同时追求战略主导地位和国内多元化的努力，可能会把美国的发展推向相互矛盾的方向。

同样，中国也支持已达到全国规模的网络平台的发展，与此同时还准备进一步扩大其影响。中国政府的监管方式鼓励了国内科技企业（以全球市场为最终目标）之间的激烈竞争，但客观上将中国境内的一些非本国科技企业排除在外（或要求它们高度定制产品）。近年来，中国政府还采取措施，制定国际技术标准，并禁止出口国内开发的敏感技术。中国的网络平台在中国及周边地区占据主导地位，其中一些在全球市场上也处于领先地位。一些中国网络平台在华人侨民社区中具有先天优势（例如，美国和欧洲的华人社区仍继续大量使用微信的金融和短信功能），但它们的吸引力并不仅限于中国消费者。从竞争激烈的国内市场脱颖而出后，中国领先的网络平台及其人工智能技术已能够在全球市场上与竞争对手一较高下。

在某些市场，如美国和印度，政府直言不讳地认为中国的网络平台（和其他中国数字技术）是中国政府政策目标的潜在或事实上的延伸。虽然这在某些情况下可能是事实，但一些中国网络平台运营商遭遇的困难表明，在实际情况中，公司与政府的关系可能是复杂和多样的。中国网络平台运营商可能并不必然体现政府或国家利益，这种关联性是否存在，可能取决于特定网络平台的功能，以及其运营商对政府要求的理解和把握。

我们将目光投向更广阔的东亚和东南亚地区，这里不但是生产半导体、服务器和消费电子产品等关键技术产品并具有全球影响力的公司的所在地，也是本地创建的网络平台的所在地。在这一地区，中国和美国各自主导的平台在不同人口群体中具有不同程度的影响力。在与网络平台的关系中，就像在经济和地缘政治的其他方面一样，该地区的国家与源自美国的技术生态系统紧密相连。但它们也大量使用中国的网络平台，并且与中国公司和技术的接触日益广泛。东亚和东南亚各国可能认为这些中国要素与它们的地区存在有机联系，对自身的经济成功不可或缺。

与中国和美国不同，欧洲尚未建立起本土的全球网络平台，也没有培育出那种支持别国主要平台发展的国内数字技术产业。尽管如此，欧洲仍以其领先的公司和大学、曾为计算机时代奠定必要基础的启蒙探索传统、规模庞大的市场，以及在创新和实施法律要求方面能力强大的监管机构，引起了主要网络平台运营商的关注。然而，由于欧洲的网络平台需要提供多种语言服务，还要和多国的国家监管机构打交道才能实现共同市场，因此在新网络平台的初始规模方面,欧洲仍处于不利地位。相比之下，美国和中国的全国性网络平台能够从一个大洲级别的地理规模起步，让它们的公司能够更容易获得所需投资，以便继续扩展至其他语言地区。

欧盟最近将监管注意力集中到了网络平台运营商对其市场的参与，包括这些运营商（和其他实体）对人工智能的使用方面。就像在其他地缘政治问题上一样，欧洲面临着一个选择，即在每个主要技术领域充当一方的盟友（通过建立一种特殊关系来决定其进程），还是充当双方之间的平衡者。

在这方面，传统欧盟国家和新兴中东欧国家的倾向可能有所不同，这反映了两者不同的地缘政治和经济形势。迄今为止，法国和德国等传统大国仍对其技术政策的独立性和自由掌控颇为看重。然而，那些近年来直接经历过外部威胁的欧洲外围国家，如苏联解体后的波罗的海周边国家和地区以及中欧国家，已表现出更大的意愿，愿意认同美国主导的“技术圈”。

印度虽然在这一领域仍是一支新兴力量，但它拥有大量的知识资本、相对有利于创新的商业和学术环境，以及庞大的技术和工程人才储备，可以支持领先网络平台的创建（就像最近其本土的网购行业所展示的那样）。印度的人口和经济规模足以在不依赖其他市场的情况下维持潜在的独立网络平台。同样，印度设计的网络平台也有可能在其他市场受到欢迎。在过去几十年里，印度的很多软件人才都投身于信息技术服务业或非印度网络平台。现在，随着该国开始评估其区域关系和对进口技术的相对依赖，它可能选择走一条更独立的道路，或者在技术兼容国家组成的国际集团中担任主要角色。

尽管俄罗斯在数学和科学方面有着强大的国家传

统，但到目前为止，它几乎没有生产出对本国以外的消费者具有吸引力的数字产品和服务。然而，强大的网络能力、渗透防御能力以及在全球网络开展行动的能力，表明俄罗斯仍可跻身世界重要的技术强国。也许是由于利用了其他国家的网络漏洞，俄罗斯也在全国范围内促进了某些网络平台的使用（如搜索，以 Yandex 为例），尽管以现有形式，这些平台对非俄罗斯消费者的吸引力相对有限。目前，这些平台只是作为主要供应商的备选或替代品，而非实质性的经济竞争对手。

在以上这些政府和地区的合力影响下，一场旨在争取经济优势、数字安全和技术领先地位，以及伦理和社会目标的多学科竞赛正在展开——尽管到目前为止，主要参与者还没有就这场竞赛的性质或游戏规则达成一致。

一种思路是将网络平台及其人工智能主要视为国内监管的问题。持这种观点的人认为，政府的主要挑战是防止平台滥用其地位或逃避先前已经建立或已有规定的职责。这些观念正在经历演变和争论，尤其是在美国和欧盟内部，以及美国与欧盟之间。而由于积极网络效应会随着规模扩大而增加对用户的价值，这种职责通常很难界定。

另一种思路是将网络平台的出现和运营主要视为一个国际战略问题。持这种观点的人认为，外国运营商在一个国家的大众化会引入新的文化、经济和战略因素。有人担心，网络平台可能会促进（即使是被动地促进）以前只能通过紧密联盟产生的联系和影响力，特别是其利用人工智能作为向公民学习和影响公民的工具时。如果一个网络平台是有用且成功的，它就会支持更广泛的商业和工业职能，而且它可能因这种能力而成为国家不可或缺的存在。至少从理论上讲，政府或企业威胁从某个国家或地区撤回这样一个网络平台（或其关键技术投入），可以作为一种潜在的工具或手段，但同样也是一种努力使其变得无足轻重的诱因。这种通过在危机中拒绝给予网络平台（或其他技术）服务而将其武器化的假想能力，可能会促使政府采取新的政策和战略。

对没有本土网络平台的国家和地区来说，它们在不远的将来所面临的选择似乎有以下几种：（1）限制对可以为敌对政府提供影响力的平台的依赖；（2）对自身脆弱性无动于衷，例如，另一个政府可能有能力访问该国公民的数据；（3）互相制衡潜在的威胁。一个政府可能会认定，允许某些外国网络平台在其境内运营的风险是不可接受的，或者需要通过引入竞争对手的网络平台来平衡这些风险。掌握资源的政府可能会选择扶持一个国内市场参与者作为竞争对手，然而，在许多情况下，这种选择将需要大量且持续的干预，而且有失败的风险。发达国家可能会尽量避免在关键功能（如社交媒体、商务、拼车）上依赖任何其他单一国家的产品，在全球有多个可用网络平台的领域中尤其如此。

一个社会创造的人工智能赋能网络平台可以在另一个社会中运行和发展，并与该国的经济和国家政治交流密不可分，这种现象本身已经标志着与以往时代的根本背离。以往，信息和交流的发起通常限于地方和国家范围内，并且发起者并没有保持独立的学习能力。如今，一个国家创建的运输网络平台可能成为另一个国家的命脉，因为该平台了解哪些消费者需要哪些产品，并实现了物流供应的自动化。实际上，这样的网络平台可以成为关键的经济基础设施，让其原产国对任何依赖它的国家都可施加影响力。

反过来，当政府选择限制外国技术进入本国经济领域时，这一决定可能会阻碍该技术的传播，甚至影响其持续的商业可行性。各国政府可能会把重点放在禁止使用已被确定为有威胁的外国网络平台上。一些国家已经对常见外国产品特别是网络平台采取了这样的措施。这种监管方式可能会与人们的期望，即人们理应自由地使用任何最优秀的产品产生矛盾。在开放社会中，这种禁令也可能引发有关政府监管适当范围的全新难题。

在迎合政府行为与保全其全球地位和用户基础的左右为难之间，网络平台运营商将需要做出决定，要在多大程度上成为在国家层面和（或）数个分属独立司法辖区的地区层面运营的区域性公司的混合体。它们也可能决定以独立追求自己价值的全球公司的身份行事，但如此一来，它们的价值优先顺序就可能与任何特定政府的优先顺序不那么一致。

在西方和中国，对对方数字产品和服务（包括人工智能赋能的网络平台）重要性的官方评估越来越多。这些大国之外的政府和用户可能会将各大网络平台视为美国或中国文化或利益的一种表现。网络平台运营商的价值观和组织原则可能反映了孕育它们的社会的价值观和原则，但至少在西方，并没有要求它们必须对此有样学样。西方的企业文化往往重视自我表达和普遍性，而不是国家利益或遵守既定传统。

即使在国家或地区之间没有发生所谓的“技术脱钩”的情况下，政府行为也开始将公司划分成不同的阵营，以满足从事特定活动的特定用户群体。而随着人工智能学习和适应以不同地理区划或国家划分用户群，它可能反过来对不同地区的人类行为产生不同的影响。这样一来，一个建立初衷是全球社区和全球交流的行业，可能反而会适时地促进区域化进程——它将不同现实领域中的用户群体联合起来，而这些群体还受到以不同方向发展的人工智能的不同影响。长此以往，随着不同地区中各种人工智能赋能的网络平台及其支持的活动或表达沿着彼此平行但完全不同的路线发展，它们之间的交流和交换将变得越来越生疏和困难，并逐渐发展出各自的区域技术标准"圈子"。

个人、公司、监管机构和国家政府为寻求塑造和引导人工智能赋能网络平台而进行的角力将变得日益错综复杂，并将以战略竞赛、贸易谈判和道德辩论等多种形式交替展开。当相关各方官员聚集一堂，准备讨论原先看似紧迫的问题时，这些问题可能已经过时了。到那时，人工智能赋能的网络平台可能已经学会或展现了新的行为，从而使当初的讨论条款显得陈旧片面、不合时宜。网络平台的创建者和运营商可能更了解这些平台的目标和限制，但不太可能事先仅凭直觉意识到它可能引发的政府担忧或更广泛的哲学异议。我们亟须在这些部门之间就核心关切和方法展开对话，而且应该尽可能赶在人工智能被部署为大规模网络平台的一部分之前就进行对话。

人工智能赋能的网络平台与人类的未来

长期以来，经过理性过滤的人类感知和经验定义了我们对现实的理解。这种理解的范围通常是个人的和地方的，只对某些基本问题和现象达成了广泛的对应；它很少是全球性或普世性的，除非在宗教的独特背景下。如今，通过聚集了大量用户的网络平台，人们可以在全球范围内接触日常的现实。而个人心智也不再是现实的唯一引导者，甚至不再是首要的引导者。人工智能赋能的洲际和全球网络平台已经与人类心智并肩而行，帮助后者完成任务，在某些领域，也许正朝着最终取而代之的方向发展。

必须在地区、政府和网络平台运营商之间定义关于理解和限制的全新概念。人类心智从未以互联网时代所要求的方式运作过。人工智能赋能网络平台的出现，对国防、外交、商业、医疗保健和交通各领域产生了复杂的影响，它造成的战略、技术和道德方面的两难困境，对任何单一行动者或学科来说都过于复杂。由此提出的问题不应仅仅被视为国家的、党派的，或者单纯技术性的。

战略家们需要考虑以往时代的经验教训。他们不应假定己方在每一场商业和技术竞赛中都能大获全胜，相反，他们应该认识到，真正的胜利需要的是一个让社会可以长期维持下去的关于成功的定义。而这样一来，冷战时期政治领导人和战略规划者曾经避而不谈的问题又被摆在了眼前：我们需要多大程度的优势？在什么情况下，优势不再是有意义的表现？在一场各方都全力以赴的危机中，何种程度的劣势仍是有意义的？

网络平台运营商将面临其他选择，不再局限于服务用户和获得商业成功。到目前为止，这些运营商都没有义务去定义一种国家的道德或服务伦理，而只是在一种内在驱动之下去改善产品，扩大影响，并为用户和股东的利益服务。然而，由于它们的影响日益广泛和深远，甚至左右（有时是对抗）了政府活动，它们必将面临更大的挑战。这些运营商不仅需要定义自己所创建的虚拟领域的能力和最终目的，还需要更多地关注这些领域如何与他人和社会其他行业互动。

第五章

x

安全与世界秩序

自有记载的人类历史起，安全始终是一个有组织的社会追求的最低目标。不同文化的价值观念各异，不同政治单元的利益和渴求相殊，但无论是独自御敌还是结盟共同御敌，任何不能自卫的社会都无法避免覆亡的命运。

在每一个时代，寻求安全的社会都试图将技术进步转化为日益有效的方法，用以监视威胁，练兵备战，施影响于国界之外，战时则用于加强军事力量以取得胜利。对最早期的有组织社会来说，冶金、防御工事、战马蓄养和造船等方面的进步往往具有决定性的意义。到了近代早期，火器枪炮、海军舰船、航海工具和技术方面的创新也发挥了类似的作用。普鲁士军事理论家卡尔·冯·克劳塞维茨在其经典著作《战争论》(1832年出版）中，对这种永不停歇的进步动力进行了反思。他写道：“为了对抗敌对的力量，力量用艺术和科学的发明来武装自己。”[1]

一些创新，例如修建城墙和护城河，有利于防御。然而，每一个世纪，人们都在追求一种以更快的速度和更强大的力量，跨越更远的距离投射军力的方法。到美国南北战争（1861—1865）和普法战争（1870—1871）时期，军事冲突已进入机器时代，并越来越具有全面战争的特征，例如工业化武器生产、通过电报传送命令，以及通过铁路横跨大陆运送军队和物资。

随着力量的增强，主要大国之间会相互衡量，以评估哪一方会在冲突中获胜，取得这样的胜利会带来什么风险和损失，开战有什么正当的理由，以及另一个大国及其军事力量介入冲突会对结果产生什么影响。不同国家的战力、目标和战略至少在理论上被设定为一种平衡，或者说是一种力量的均衡。

在过去的一个世纪里，对手段和目的的战略调整已然出现了脱节。用于追求安全的技术层出不穷，破坏性也越来越大，而运用这些技术实现既定目标的战略却变得越来越难以捉摸。在当今时代，网络和人工智能的出现又为这些战略计算增加了超乎寻常的复杂性和抽象性。

在这一过程中，第一次世界大战（1914—1918）标志着一次重大分裂。在 20 世纪初，欧洲主要强国经济发达、科学界和知识界勇于探索开拓，对自己的全球使命充满信心。这些国家利用工业革命的技术进步，建设了现代军事力量，通过征兵制度集结了大批兵员，并以可通过火车运输的大量物资，包括机枪和其他可快速装填的火器装备军队。它们发展了先进的生产方法，能够以“机器速度”补充其武器装备，还发明了化学武器（化学武器现已被禁止使用，大多数国家都接受了这一禁令，但也不是所有国家）、铁甲舰和初代坦克。它们制定了“通过迅速动员取得优势”的周密战略，构建了以“在盟友受到挑衅的情况下，将迅速、全面地动员起来”的坚定承诺为基础的同盟。然而，当一场本身并不具备全球意义的危机出现时——一名塞尔维亚民族主义者刺杀了哈布斯堡王朝的王位继承人，欧洲大国们却按照这些周密规划爆发了一场全面冲突，造成了巨大灾难。为了追求早已偏离各方最初制定的战争目标的结果，一代人就此被葬送。三个帝国见证了自身制度的崩溃，即使是战胜国，在之后几十年里也一蹶不振，国际地位受到永久性的削弱。僵硬的外交、先进的军事技术、一触即发的动员计划等因素相互叠加，形成了一种恶性循环，使全球范围内的战争不仅成为可能，而且不可避免。伤亡如此巨大，以至想要证明伤亡是合理的，就不可能再有妥协让步。

自那场灾难以来，尽管各大强国高度重视扩充军备，严格纪律并为此不惜斥巨资，却进一步凸显了现代战略的难解谜题。在第二次世界大战结束后和冷战初期的几十年里，美苏两个超级大国争相建造核武器和洲际运载系统，其巨大的破坏力似乎只有最严肃和最全面的战略目标才能与之匹配。“原子弹之父”之一、物理学家 J. 罗伯特·奥本海默在观看新墨西哥州沙漠中的第一次核武器试验时深受震撼，他没有引用克劳塞维茨的战略格言，而是引用印度教经典《薄伽梵歌》中的诗句:“现在我成了死亡本身，世界的毁灭者。”这一洞察预示了冷战战略的核心悖论：武器技术在这个时代占据主导地位，却从未被使用过。除了确保生存的目标，武器的破坏力始终与其他可实现目标不相称。

在整个冷战时期，军事能力和目标之间始终处于脱节状态，或者至少二者的关系不利于制定明确的战略。各个大国建立了技术领先的军事力量以及地区和全球联盟体系，但无论是彼此对抗，还是与小国或装备相对落后的武装力量发生冲突，它们都不曾动用这些力量——这是法国在阿尔及利亚、美国在朝鲜，还有美国和苏联在阿富汗所遭遇的痛苦事实。

网络战争和人工智能时代

在冷战结束后的今天，主要大国和其他国家都利用网络能力增强了本国的武器库，这些网络能力的效用主要源自其不透明性和可否认性，在某些情况下，也源自对其在散播虚假信息、收集情报、蓄意破坏和传统冲突的模糊边界上的运用——这构成了种种尚无公认理论教条的战略。与此同时，每一次进步都伴随着新的弱点被揭露。

人工智能时代可能使现代战略之谜更趋复杂化，这并非人类本意，也许还完全超出人类的理解。即使各国不广泛部署所谓的致命自主武器（即经过训练和授权可以自主选择目标，并在没有进一步人类授权的情况下进行攻击的自动或半自动人工智能武器），人工智能仍有可能增强常规武器、核武器和网络能力，从而使对手之间的安全关系更加难以预测和维护，冲突更加难以限制。

人工智能的潜在防御功能在多个层面上发挥作用，可能很快就会被证明是不可或缺的。人工智能驾驶的喷气式战斗机在模拟空战中显示出相比人类飞行员的压倒性优势。利用让 AlphaZero 在棋局中获胜，以及发现 Halicin 等案例中的一些通用原则，人工智能可能会识别出其对手甚至都没有计划或注意到的行为模式，然后给出相应的反击方法。人工智能可以进行同声翻译，或向危机地区的人员即时传递其他关键信息，而让这些人员了解周围环境或使自己被他人理解，可能对其完成任务或个人安全至关重要。

没有哪个大国可以忽视人工智能的安全维度。一场争夺人工智能战略优势的竞赛已经开始，尤其是在美国和中国之间，当然还有俄罗斯。[2] 随着对他国正在获得某些人工智能能力的认知或猜疑日益蔓延，将会有更多国家寻求获得这些能力。而一旦被引入，这些能力就会快速扩散。虽然创造一种复杂的人工智能需要大量的算力，但对其进行增殖扩散或使用它通常并不需要。

解决这些复杂问题的办法既不是陷入绝望，也不是缴械投降。核技术、网络技术和人工智能技术已经存在，其中每一项技术都将不可避免地在战略中发挥作用。我们已不可能退回到这些技术“未被发明”的时代。如果美国及其盟友因这些能力可能产生的影响而畏缩不前，结果不会是一个更和平的世界。相反，那将是一个不太平衡的世界，身处其中的各国会竞相发展和使用最强大的战略能力，而不考虑民主责任和国际平衡。无论是出于国家利益还是道义责任，美国都不应放弃这些领域，而应该努力去塑造这些领域。

这些领域的进步和竞争所带来的转变将对传统的安全概念构成考验。为了不让这些转变造成无可挽回的局面，我们必须做出一些努力来界定与人工智能相关的战略理论，并将这些理论与其他在人工智能领域具有影响力的主体（国家和非国家行为体）构建的同类理论进行比较。今后几十年，我们需要实现一种力量平衡，这种平衡既要考虑到网络冲突和大规模虚假信息传播等无形因素，也要考虑到由人工智能辅助的战争的独特属性。残酷的现实迫使人们认识到，即使是在彼此竞争中，人工智能领域的对手们也应致力于限制极具破坏性、不稳定性和不可预测性的人工智能能力的开发和使用。在人工智能军备控制方面的清醒努力与国家安全并不冲突，它是一种尝试，为的是确保在人类未来的框架下寻求和实现安全。

核武器与核威慑

在以往时代，当一种新武器出现时，军队就把它纳入武器库，战略家们则设计出为追求政治目的而使用这一武器的各种理论。核武器的出现打破了这种关联。

1945 年，美国在日本广岛和长崎投下原子弹，促使第二次世界大战在太平洋地区的战事迅速结束。这是核武器首次用于战争，也是迄今为止唯一的一次。世人马上意识到，这是一个分水岭。世界主要大国一面加倍努力掌握新的武器技术并将其纳入自己的武器库，一面就使用这种武器的战略和道德影响进行了不同寻常的公开和透彻的辩论。

核武器的威力远远超过当时其他任何形式的武器装备，由此产生了一些根本性的问题：能否通过某种指导原则或理论将这种极具破坏性的武器与传统的战略要素相关联呢？核武器的使用能否与全面战争和相互毁灭以外的政治目标相协调？是否可以接受精准、适度地使用核武器，或为了战术目的使用核武器？

迄今为止，此类问题的答案要么模棱两可，要么是全盘否定。即使是在拥有核垄断地位的短暂时期（1945—1949 年）和拥有相当有效的核投射系统的较长时期内，美国也从未发展出一种战略理论或确定一种道德原则，来说服自己在二战后的实际冲突中使用核武器。在那之后（其实之前也是如此），由于缺乏现有核大国相互接受的明确理论界限，所有决策者都无从知晓“有限度地”使用核武器之后会发生什么，以及是否可以保持这种限度。迄今为止，谁都不敢越雷池一步。在1955年“台海危机”中发生金门炮击时，艾森豪威尔总统曾威胁当时尚无核武器的中国，如果不缓和局势就对其使用核武器。他声称，他找不到不能“像用一颗子弹或其他任何武器一样”使用战术核武器的理由。[3] 近70年过去了，还没有哪位领导人检验过艾森豪威尔的这一主张。

在冷战期间，核战略的首要目标变成了威慑，这主要是通过公开宣称部署核武器的意愿来防止对手采取行动，比如挑起冲突，或是在冲突中使用自己的核武器。核威慑的核心是一种消极目标的心理战，目的是通过掌握一种有威胁的反击手段来实现“不战而屈人之兵”。这种态势的取得，既依赖于一个国家的实质军事能力，也依赖于一种不可捉摸的特质：潜在挑衅者的心理状态及其对手对这种状态施加影响的能力。从威慑的角度来看，表面上的软弱可能会产生与实际的弱点同样的后果；而被认真对待的虚张声势，可能会比被无视的真实威胁更有威慑作用。在安全战略中（至少到目前为止），核威慑是独一无二的，它建立在一系列无法验证的抽象概念之上：核威慑力量无法证明它到底如何或在多大程度上阻止了某些事情的发生。

尽管存在这些矛盾，核武器仍被纳入国际秩序的基本概念中。在美国核垄断时期，它的核武器被用来阻止常规攻击，并向自由国家或盟国提供“核保护伞”。遏制苏联向西欧推进的，正是美国将使用核武器阻止这一攻势的预期，无论这种预期是多么遥不可及或虚幻不真。而苏联一旦跨过核门槛，两个超级大国拥核的主要目的就越发变为阻止对方使用这些武器。“可生存的”核打击能力的存在，即在对手假想的第一波攻击后可以发动反击的核武器，则被用来阻止核战争本身。在预防超级大国间冲突方面，它确实实现了这一目标。

冷战时期的霸权国家在扩大核能力上耗费了大量资源。与此同时，它们的核武器却日益远离实际推行的战略。拥有这些武器并没能阻止那些无核国家，比如越南、阿富汗各行其是，也没有阻止中东欧各国向苏联寻求自治。

在朝鲜战争期间，苏联是美国之外唯一拥有核武器的国家，而美国在核武器数量和投射工具方面拥有绝对优势。然而，美国的决策者并未使用核武器，他们宁愿与苏联支持（如今看来这支持实属勉强）的中朝常规部队打一场旷日持久、伤亡惨重的拉锯战，也不愿接受升级核战争后所面临的不确定性或道德上的谴责。从那时起，每一个面对非核对手的有核国家都与美国一样，即使在面临被非核对手击败时也没有动用核武器。

在这个时代，决策者们并不缺乏战略。根据 20 世纪 50 年代的大规模报复战略，美国曾威胁要以大规模核战升级来回应任何对其的攻击，无论是核攻击还是常规攻击。然而，一种旨在将任何冲突（无论多么微不足道）

都变成末日决战的战略理论，在心理和外交上都是站不住脚的，而且并不全然有效。作为应对，一些战略家提出了允许在有限度的核战争中使用战术核武器的理论。[4]然而，由于担心引发战争升级及其限度不可控，这些主张均被搁置。决策者担心，战略家们提出的理论路线过于虚无缥缈，无法阻止局部战争升级为全球核战争。因此，核战略仍然侧重于威慑和确保威胁的可信度，即使其最终结果将是人类在以往战争中从未经历过的末日浩劫。美国将其核武器分散部署在广泛地理区域中，并构建了三位一体（陆、海、空）的发射体系，以确保即使是对手先发制人地突然袭击，美国仍能进行毁灭性报复。[5]据说，苏联曾尝试使用一种系统，该系统一旦被人类用户开启，就可以自行探测到即将到来的核攻击，无须人类进一步干预即可下令反击。这是对半自动化战争概念，包括将某些指挥功能委托给机器的做法的早期探索。[6]

政府和学术界的战略家们发现，在没有防御性应对手段的情况下，对核打击的依赖令人不安。于是他们探讨建立防御系统，能够至少在理论上延长决策者在核对峙期间的决策窗口，使各方有机会进行外交斡旋，或者至少能收集更多的信息并纠正误解。然而，具有讽刺意味的是，对防御系统的追求反而加大了对可以穿透对方防御的进攻性武器的需求。

随着两个超级大国核武器的不断增长，切实利用核武器来阻止或惩罚另一方行动的可能性变得越来越渺茫和不真实，这对威慑本身的逻辑构成了潜在威胁。对这一核僵局的认识催生了一种新理论，其名称“相互确保摧毁”（MAD）半含威胁，半含嘲讽。由于这一理论所假设的伤亡巨大，在减少目标的同时也增加了破坏性，因此，核武器越来越多地被限制在“发出使用信号”的区间内，包括提高关键系统和单位的就绪程度、逐步升级核发射准备工作，这一大张旗鼓的方式正是为了引起对手的关注和重视。但即便是发出这样的信号，也需要慎之又慎，以免对手误解并引发全球性的灾难。为了寻求安全，人类制造了一种终极武器，并精心制定了与之相伴的种种战略理论，结果却制造了对这种武器可能会被动用的普遍焦虑。旨在缓和这一窘境的概念——军备控制——应运而生。

军备控制

威慑的目的是通过威胁发动核战争来防止核战争，而军备控制的目的是通过限制甚至废除武器（或武器类别）本身来防止核战争。这一方法与核不扩散相配合，以一整套详尽的条约、技术保障措施、监管和其他控制机制为支撑，所提出的理念是防止核武器及其制造所需的知识和技术扩散到拥核国家以外。如此大规模的军备控制或不扩散措施以往从未被运用在任何武器技术上。到目前为止，这两种策略都只能说未尽全功，而在后冷战时代发明的网络和人工智能这两种主要新武器类别，也没有用这两种策略加以认真限制。然而，随着当下核技术、网络和人工智能领域的角逐者日益增多，军备控制时代的教训依然值得我们深思。

在经历古巴导弹危机（1962 年 10 月）的核冒险和接近冲突边缘的徘徊后，当时的两个超级大国——美国和苏联——试图通过外交手段来限制核竞争。尽管双方的核武器数量还在增长，而且中国、英国和法国也加入了威慑行列，华盛顿和莫斯科仍授权它们的谈判代表进行更富实质性的军备控制对话。双方代表小心翼翼地测试着与维持战略平衡相符的核武器数量和打击能力的下限。最终，双方同意不仅限制各自的进攻性武器，而且也限制各自的防御能力——按照威慑的矛盾逻辑，即利用脆弱来确保和平。结果便是 20 世纪 70 年代的《限制战略武器条约》和《反弹道导弹条约》，以及最终于 1991 年签署的《削减战略武器条约》（START）。条约在一切情况下对进攻性武器设置上限，既保护了两个超级大国相互摧毁（进而可起到威慑作用）的能力，同时也缓解了由威慑战略引发的军备竞赛。

尽管仍然是对手，并继续为战略优势而竞争，但美苏两国都在军备控制谈判中获得了一定程度的确定性。通过让对方了解各自的战略能力，并就某些基本限制和核查机制达成一致，双方都试图消除对于对方可能突然利用核优势先发制人的恐惧。

这些倡议最终超越了仅仅自我制约的目标，转向积极阻止进一步的核扩散。美国和苏联在20世纪60年代中期发起建立了一项多承诺、多机制的制度，旨在禁止除原拥核国家以外的所有国家获得或拥有核武器，并以帮助其他国家将核技术用于可再生能源的承诺作为交换。在当时政治上、文化上和冷战国家领导人之间的关系中存在一种对核武器的独特共鸣，即无论对胜利者、失败者还是旁观者，大国之间的核战争都是一个无法逆转的决定，并将造成无法估量的风险。

核武器给决策者带来了两个相关的难题：如何定义优势以及如何限制劣势。在两个超级大国拥有足以毁灭世界多次的核武器的时代，优势意味着什么？一旦一个核武库建成并以可靠的生存方式加以部署，那么更多的武器部署所获得的优势与其所服务目标之间的联系就变得模糊不清了。与此同时，还有少数几个国家拥有了自己数量有限的核武器，它们认为，自己只需要一个足以造成破坏而不是取得胜利的核武库，就可以阻止他国对自己的攻击。

“不使用核武器”并非一项永久的成果，而是每一代领导人必须确保的一种状态，他们必须不断调整本国最具破坏性武器的部署和打击能力，以适应这项以前所未有的速度发展的技术。随着持有不同战略理论和对故意造成平民伤亡持不同态度的新入局者寻求发展自己的核能力，也随着威慑均势变得越发分散和不确定，确保不使用核武器变得非常具有挑战性。在这个战略悖论尚未破解的世界，新的能力和随之而来的复杂局面正在出现。

首先是网络冲突，它放大了脆弱性，扩大了战略竞赛的领域，增加了参与者的选择。其次是人工智能，它具有改变常规武器、核武器和网络武器战略的能力。新技术的出现加剧了核武器面临的困境。

数字时代的冲突

纵观历史，一个国家的政治影响力往往与其军事力量和战略能力大致匹配，这是一种即使主要通过施加隐性威胁也会对其他社会造成破坏的能力。然而，基于这种力量权衡的均势不是静态的或自我维持的。相反，它首先依赖于各方就这一力量的构成要素及其使用的合法界限达成共识。其次，维持均势需要体系内所有成员，尤其是对手，就各个国家的相对能力、意图和侵略的后果进行一致的评估。最后，保持均势需要一个实际的、公认的平衡。当体系中的一方以一种与其他成员并不成比例的方式增加自身力量时，体系将通过组织对抗力量或者通过适应新的现实来设法做出调整。当均势的权衡变得不确定时，或者当各国对各自相对实力的权衡结果完全不同时，由误算引发冲突的风险就会达到最大。

在当今时代，这些权衡的抽象性更进一步。带来这种转变的原因之一是所谓的网络武器，这类武器涉及军用和民用两个领域，因此其作为武器的地位是模糊的。在某些情况下，网络武器在行使和增强军事力量方面的效用主要源于其使用者未披露其存在或未承认其全部能力。传统上，冲突各方都不难认识到发生了交战，或者认识到交战各方是谁。对手间会计算对方的战力，并评估他们部署武器的速度。可是这些在传统战场上颠扑不破的道理却不能直接套用到网络领域。

常规武器和核武器存在于物理空间中，在那里，它们的部署可以被察觉，它们的能力至少可以被粗略计算出来。相比之下，网络武器的效用很大一部分来自其不透明性；若被公之于众，它们的威力自然有所减损。这些武器利用之前未曾披露的软件漏洞，在未经授权用户许可或知情的情况下侵入网络或系统。在"分布式拒绝服务"(DDoS)攻击(如对通信系统的攻击)的突发事件中，攻击者可能会使用一大堆看似有效的信息请求来压垮系统，使系统无法正常使用。在这种情况下，攻击的真实来源可能被掩盖，使人难以或无法(至少在当时)确定攻击者。即使是最著名的网络工业破坏事件之一——震网(Stuxnet)病毒破坏了伊朗核项目中的制造控制计算机，也没有任何政府对此事做过正式承认。

常规武器和核武器可以相对精确地瞄准目标，道德和法律要求它们瞄准的对象只能是军事力量和设施。而网络武器可以广泛地影响计算和通信系统，往往可对民用系统造成特别有力的打击。网络武器也可以被其他行为体基于其他目的而进行吸纳、修改和重新部署。这使得网络武器在某些方面类似于生物和化学武器，其影响可以非预期和未知的方式传播。在许多情况下，网络武器影响的是大范围的人类社会，而不仅仅是战场上的特定目标。[7]

网络武器的这些用途，使得网络军备控制难以被概念化或被推行。核军备控制的谈判人员可以公开披露或描述一类核弹头，而不必否认该武器的功能。网络军备控制谈判人员（目前尚不存在）则需要解决以下悖论：一旦对网络武器的威力进行讨论，可能就会导致这种威力的丧失（允许对手修补漏洞）或扩散（对手得以复制代码或侵入方法）。

关键网络术语和概念的模糊性使这些挑战变得更加复杂。在不同的背景下，不同的观察者将形式各异的网络入侵、在线宣传和信息战称为“网络战”“网络攻击”，一些评论还称之为“战争行为”。但这些词语不是固定的，有时连含义也不一致。例如侵入网络以收集信息之类的活动，可能与传统的情报收集类似，尽管涉及范围有所不同。其他攻击，比如有些国家在社交媒体上进行的干预选举活动，则是一种数字化宣传、虚假信息传播和政治干预的结合，其范围和影响比以往任何时代都要大。这些活动所依托的数字技术和网络平台的扩展，使活动本身成为可能。除此以外，其他网络行动也可能造成与传统敌对状态类似的实际影响。网络行动的性质、范围或归属的不确定性，可能会使看似基本无误的因素成为各方争论的焦点问题，例如冲突是否已经开始、与谁冲突或冲突涉及什么，以及各方之间的冲突可能升级到何种程度。从这个意义上说，各大国现在正陷入一种网络冲突，尽管这种冲突的性质和范围没有现成的定义。[8]

我们所处的数字时代的一个核心悖论是：一个社会的数字能力越强，这个社会就变得越脆弱。计算机、通信系统、金融市场、大学、医院、航空公司和公共交通系统，甚至民主政治的机制，所涉及的系统在不同程度上都容易受到网络操纵或攻击。随着发达经济体将数字指挥和控制系统整合到发电厂和电网中，将政府项目转移到大型服务器和云系统中，并将数据转誊到电子账簿中，它们在网络攻击面前的脆弱性也成倍增加。这些行为提供了更丰富的目标集合，因此仅仅一次成功的攻击就可能造成实质性的破坏。与此相对，如果发生数字破坏的情况，低技术国家、恐怖组织甚至个人攻击者可能会认为他们承受的损失相对要小得多。

网络能力和网络行动的相对低成本，以及一些网络行动可能具备的相对可否认性，将会鼓励一些国家使用半自主行为体来执行这些网络功能。与第一次世界大战前夕遍布巴尔干半岛的准军事集团一样，这些半自主团体可能难以控制，并可能在未经官方批准的情况下从事挑衅活动。网络领域中行为的快速性和不可预测性，及其所包含的各种行为体之间错综复杂的关系，再加上可以削弱一个国家绝大部分网络能力，以及搅乱该国国内政治格局（即使这些活动不会升级到传统的武装冲突水平）的泄密者和破坏者的存在，都可能诱使决策者采取先发制人的行动，以防止自己遭受致命打击。[9]

网络领域行为的速度和模糊性有利于进攻方，并鼓励产生“积极防御”和“向前防御”之类寻求扰乱和排除攻击的概念。[10] 网络威慑可能达到的程度，部分取决于防御者进行威慑的目标是什么，以及如何衡量成功。最有效的攻击往往是未达到武装冲突传统定义门槛的攻击（通常未得到立即承认或正式承认）。无论是政府的还是非政府的，没有任何一个主要的网络行为体公开自己全部的能力或活动，甚至在为了威慑阻止其他人的行动时也未曾有过。即使新的能力正在涌现，相关战略和理论仍在隐蔽的阴影领域中以不确定的方式演变。我们正处于一个全新的战略前沿，需要进行系统性的探索，需要政府和工业界密切合作，以确保一种有竞争力的安全能力，还需要大国之间在适当的保障措施下及时就网络军备限制进行讨论。

人工智能与安全领域的动荡

核武器的破坏性和网络武器的神秘性，正日益与一种更新的能力相结合，也就是我们在前几章中所讨论的基于人工智能原理所实现的能力。各国正在悄无声息地，有时是试探性地，但又确凿无疑地发展和部署那些对各种军事能力的战略行动均有所促进的人工智能，这对安全政策可能产生革命性影响。[11]

将非人类逻辑引入军事系统和过程会给战略带来改变。通过与人工智能共同培训或与之合作，军队和安全部门获得的洞察力和影响力提升会令人惊讶，有时也令人不安。这种伙伴关系可能会否定传统战略和战术的某些方面，也可能会大大加强另一些方面。人工智能如果被赋予对网络武器（攻击性或防御性）或飞机等物理武器行使一定程度的控制权，它可能会迅速执行人类难以执行的功能。像美国空军的 ARTUμ 这样的人工智能已经在飞行测试中驾驶飞机并操作雷达系统。ARTUμ 的开发人员将其设计为可以在没有人类干预的情况下做出“最后抉择”，其能力限于驾驶飞机和操作雷达系统。[12]其他国家和设计团队可能就没有那么大的限制了。

除了潜在的变革效用，人工智能的自主和独立逻辑能力还产生了一定程度的不可预料性。大多数传统的军事战略和战术是以对人类对手的假设为基础的，即假设对手的行为和决策计算符合某种可识别的框架，或者可由经验和传统智慧界定。然而，驾驶飞机或用雷达扫描目标的人工智能遵循的是自己的逻辑，这对对手来说可能就不可捉摸，也不受传统信号和佯攻的影响，而且在大多数情况下，这种逻辑的执行速度将快于人类的思维速度。

战争一直是一个充满不确定性和偶然性的领域，但人工智能进入这个领域将为其带来新的变数。人工智能是不断发展变化的新事物，因此即使是那些创造出并使用由人工智能设计或操作的武器的强国，可能也不知道它到底有多强大，或者它在特定情况下会采取何种行动。对于一种能感知到人类可能无法感知或无法那么快感知的环境层面，而且在某些情况下能通过超过人类思维速度或思维广度的过程进行学习和改变的事物，我们又如何去制定一项有针对性的进攻或防御战略呢？如果人工智能辅助武器的效果取决于人工智能在战斗中的感知，以及它从感知到的现象中得出的结论，那么某些武器的战略效果是否只能通过使用来证明？如果竞争对手在静默和保密的情况下训练其人工智能，那么在冲突尚未发生时，领导人能知道己方在军备竞赛中是领先还是落后吗？

在传统的冲突中，对手的心理是战略行动瞄准的关键点。算法只知道它的指令和目标，却不知士气或怀疑为何物。由于人工智能具有适应其所遇现象的潜力，当两个人工智能武器系统被用于彼此对抗时，交战双方都不可能准确理解人工智能间的交互将产生的结果或其附带影响。他们可能只能不甚严密地辨别对方的能力和卷入冲突的代价。对人工智能武器工程师和构建者来说，这些限制可能会令他们在研发和制造过程中更加注重改进此类武器的速度、影响广度和持久度，而这些特质的加强可能会使冲突更激烈、更广泛、更不可预测。

同时，即使有人工智能辅助，强大的防御也是安全的先决条件。新技术的普遍性使人们无法单方面放弃它。然而，即便是在整兵备战时，各国政府也应该评估并尝试探索将人工智能逻辑加入人类战斗经验的方法，以使战争变得更人道、更精确。对外交和世界秩序的影响也需加以反思。

人工智能和机器学习将通过扩大现有武器类别的打击能力来改变行为者的战略和战术选择。人工智能不仅能使常规武器瞄得更精准，还能使它们以新的、非常规的方式进行瞄准，比如（至少在理论上）瞄准某个特定的个人或物体，而不是某个地点。[13] 通过研究大量信息，人工智能网络武器可以学习如何渗透防御，而不需要人类帮它们发现可以利用的软件漏洞。同样，人工智能也可以用于防御，在漏洞被利用之前定位并修复它们。但由于攻击者可以选择目标而防御者不能，人工智能即使未必让进攻方战无不胜，也可令其占得先机。

如果一个国家面对的对手已经训练人工智能来驾驶飞机、独立做出瞄准的决策并开火，那么采用这种技术将在战术、战略或诉诸升级战争规模（甚至是核战）的意愿方面产生什么变化？

人工智能开辟了信息空间能力的新视野，包括虚假信息领域。生成式人工智能可以创造大量似是而非的虚假信息。人工智能推波助澜的信息战和心理战，包括使用伪造的人物、图片、视频和演讲，无时无刻不在暴露出当今社会令人不安的新弱点，尤其是在自由社会。广泛转发的示威活动配上了看似真实的图片和视频，里面的公众人物发表着他们从未真正说过的言论。从理论上讲，人工智能可以决定将这些由人工智能合成的内容以最有效的方式传递给人们，使其符合人们的偏见和期望。如果一个国家领导人的合成形象被对手操纵，以制造不和或发布误导性的指令，公众（甚至其他政府和官员）会及时识破这种骗局吗？

与核武器领域不同的是，对人工智能的使用并不存在被广泛认同的禁令，也没有明确的威慑（或升级程度）概念。美国的竞争对手正在打造人工智能辅助武器，既有实体武器，也有网络武器，据报道，其中一些已投入使用。[14] 人工智能大国有能力部署具有快速逻辑推理和不断演化行为能力的机器和系统，来攻击、防御、监视、传播虚假信息，以及识别和破坏另一方的人工智能。

随着变革性人工智能能力的不断发展和传播，在没有可验证的限制因素的情况下，世界主要国家会继续追求优势地位。[15] 它们会假定，一旦出现新的、可用的人工智能能力，人工智能必定会扩散。由于具备军民双重用途，易于复制和传播，人工智能的基本原理和关键创新在很大程度上是公开的。即使人工智能的传播可以受监管，这种监管可能也是不完美的，要么是技术进步令先前的监管方式过时，要么是这种监管在下定决心窃取人工智能的行动者面前仍有漏洞。人工智能的新用户可能会调整基础算法，将其用于实现迥然不同的目标。一个社会的商业创新可能会被另一个社会用于安全或信息战目的。政府时常会采纳尖端人工智能发展中最具战略意义的方面，以满足其国家利益设想。

将网络力量平衡和人工智能威慑概念化的相关工作尚处于起步阶段。在这些概念被定义之前，对此类问题的规划是抽象的。比如在冲突中，交战一方可能试图通过使用或威胁使用一种效果尚未充分为人所知的武器来摧垮对方的意志。

而最具颠覆性且不可预测的影响，可能发生在人工智能和人类智能遭遇之时。从历史上看，那些积极备战的国家对其对手的理论、战术和战略心理，即便不是了如指掌，也大致了解。这使对抗性战略和战术得以发展，并形成了军事示威行动的象征性话语，如拦截靠近边境的飞机，或驾驶船只通过有争议的水域。然而，当军队使用人工智能来制订计划或锁定目标，甚至在常规巡逻或冲突期间提供动态协助时，这些人们原本熟悉的概念和互动可能会变得陌生，因为这涉及与一种新型智能打交道并设法了解它，而该智能的运作方式和战术还不得而知。

从根本上说，向人工智能和人工智能辅助武器及防御系统的转变，会对智能产生某种程度的依赖，这种智能基于根本不同的经验范式运行，且具备可观的分析潜力。在极端情况下，这种依赖甚至演变为一种授权，它将给人们带来未知或目前还知之甚少的风险。出于这个原因，人类操作者必须参与监控具有潜在致命影响的人工智能行为。这种人类角色即便不能避免所有错误，至少也能确保自身的道德责任和问责能力。

然而，最深层的挑战可能是哲学层面上的。如果战略的各个层面开始在人工智能可及而人类理性不可及的概念和分析领域运作，那么它们的过程、范围和最终意义将变得不再透明。如果决策者认为，在揭示现实的最深层模式，以此了解对手（他们可能拥有自己的人工智能）的能力和意图，并及时做出应对的过程中，人工智能的辅助已必不可少，那么将关键决策权下放给机器可能将是一种必然。各个社会可能会在哪些决策权可以下放，以及什么样的风险和后果是可以接受的方面形成各不相同的限制。主要大国不应等到危机发生才开始就这些演变的战略、学说和道德影响展开对话。如果它们对此坐视不理，影响将是不可逆的。限制这些风险的国际努力势在必行。

管控人工智能

在智能体系开始互相对抗之前，我们必须对这些问题加以考量和理解。这些问题之所以变得更加紧迫，是因为网络和人工智能能力的战略使用为战略竞赛开辟了更广阔的领域。从某种意义上说，它们将把历史上的战场进一步推进到与数字网络相连的所有地方。数字程序现在控制着一个由众多实体系统构成的庞大且仍在不断增长的领域，而且越来越多的此类系统已实现网络化——在某些情况下甚至连门锁和冰箱都实现了网络化。这催生出一个极其复杂、广泛和脆弱的系统。

对人工智能强国来说，追求某种形式的彼此理解和相互制约至关重要。在相应系统和能力可以通过计算机代码的变化而轻易改变且相对难以察觉的情况下，各大政府可能倾向于认为，其对手在战略敏感的人工智能研究、开发和部署方面的步调会比它们公开承认甚至私下承诺的更进一步。从纯粹的技术角度来看，让人工智能参与侦察、锁定目标或是展开致命性自主行动并不难，这使得寻求建立一套相互制约和验证的体系变得既困难又刻不容缓。

寻求保障和制约，将不得不与人工智能的动态本质相抗衡。一旦被释放到世界上，人工智能驱动的网络武器能够适应和学习的程度可能远远超过预期目标；武器的能力可能会随着人工智能对环境的反应而改变。如果武器能够以某种方式改变，而且改变的范围或性质与其创造者所预期或威胁实现的不同，那么对于威慑和升级的设想就可能变得扑朔迷离。因此，无论是在初始设计阶段还是在部署阶段，我们可能需要对人工智能的运行范围进行调整，以便人类保留相应能力，对系统加以监视并关闭或重新定向已经开始偏离初始目标的系统。为了避免意外的和潜在的灾难性后果，这种限制必须是相互的。

限制人工智能和网络能力相当困难，遏制其扩散也很难。那些主要大国开发和使用人工智能和网络的能力有可能落入恐怖分子和流氓帮派手中。同样，那些没有核武器、常规武器军力也有限的小国，也可以通过投资尖端的人工智能和网络武器，发挥出巨大的影响力。

各国不可避免地会把非连续性的、非致命性的任务委托给人工智能算法（一些由私营实体操作），包括执行检测和防止网络空间入侵的防御功能。一个高度网络化和数字化的社会“受攻击面”太大，人类操作者无法仅凭手动实现防御。随着人类生活的许多方面转移到网上，经济也持续数字化，一个流氓网络人工智能就可能破坏整个行业。国家、公司甚至个人都应该着手构建某种失效保护体系，以防患于未然。

这种保护的最极端形式包括切断网络连接并使系统离线。对国家来说，离线可能是终极的防御形式。如果不使用这种极端的措施，那就只有人工智能能够执行某些至关重要的网络防御功能，原因之一是网络空间浩瀚无垠，在这一空间内可能采取的行动选项几乎无穷无尽。因此，除了少数几个国家，这一领域内最重要的防御能力可能是其他国家力所不及的。

除了人工智能防御系统，还有一类最令人头疼的武器——致命自主武器系统，该系统一旦被激活就可以在没有进一步人类干预的情况下选择和打击目标。[16]这类武器的关键问题是人类对其进行监督和及时干预的能力。

一个自主系统可能需要有一个人“在指令环路上”被动地监控它的活动，或者“在其指令环路中”的某些行动需要人类授权。除非受到可遵守和可证实的相互协议的限制，后一种形式的武器系统最终可能涵盖全部战略和目标，例如保卫边境或实现针对敌人的特定结果，并且不需要大量人力参与。在这些领域，必须确保人的判断在监督和指导使用武力方面发挥适当的作用。如果只是由一个国家或少数国家单方面采取这些限制，意义是有限的。技术先进国家的政府应探讨如何在可执行检查的支持下实现相互制约。[17]

人工智能的引入增加了为抢占先机而将某种武器仓促投入使用，并由此演变为冲突的内在风险。一个担心对手正在发展自动化军力的国家可能会寻求先发制人；而如果攻击“成功”了，可能也就无法证明这种担忧是否真的合理。为了防止冲突意外升级，大国应该在一个可验证的限制框架内进行竞争。谈判不应该只专注于缓和军备竞赛，还应该确保双方大体上都了解对方的动向。但双方都必须对一点有所预期（并据此进行筹划），那就是对方会对自己最具敏感性的秘密有所保留。国家间永远不会有完全的信任，但这并不意味着无法达成某种程度的谅解，正如冷战期间的核武器谈判所表明的那样。

我们提出这些问题是为了界定人工智能给战略带来的挑战。界定核时代的条约（以及随之而来的沟通、执行和核查机制）给我们带来了各方面的收益，但它们并不是历史的必然产物，而是人类能动性的产物，是共同承担危机和责任的产物。

对民用和军事技术的影响

传统上有三个技术特性促成了军事和民用领域的分野：技术差异、集中控制和影响规模。所谓技术差异，是指专门军用或专门民用的技术是有别的。集中控制则是指与容易传播、规避政府控制的技术相反，有些技术可以轻易被政府管控。影响规模则是指一项技术的破坏性潜力。

纵观历史，许多技术都是军民两用的。至于其他技术，一些很容易广泛传播，另一些则具有巨大的破坏力。

然而迄今为止，还没有一种技术同时具备以下三种特性：军民两用、易于传播和潜在的巨大破坏性。运送货物到市场的铁路和运送士兵到战场的铁路是一样的，铁路不具有破坏性潜力。核技术通常是军民两用的，且破坏性巨大，但核设施很复杂，这使政府能够相对安全地控制核技术。猎枪可能被广泛使用，同时具有军民用途，但其有限的能力使持枪者无法在战略层面造成破坏。

而人工智能打破了这种范式。很明显，人工智能可以军民两用，也很容易传播，只要几行代码就可以：大多数算法（有一些明显例外）可以在单个计算机或小型网络上运行，这意味着政府很难通过控制基础设施来控制这种技术。最后，人工智能的应用具有巨大的破坏性潜力。这种独一无二的特性组合，加上广泛的利益相关者，产生了具有全新复杂性的战略挑战。

人工智能赋能武器可以让我们的对手以超乎寻常的速度发起数字攻击，并极大地提高人类利用数字漏洞的能力。这样一来，一个国家可能来不及评估即将到来的攻击，就要立即对此类威胁进行响应，否则将面临被对方解除武装的风险。[18] 如果一个国家有相应手段，它可以在对方完全展开攻击之前做出回应，构建一个人工智能系统来预警攻击并赋予其反击的能力。[19] 这一系统的存在以及它可以毫无预警地实施行动，可能会刺激另一方投入更多建设和规划，包括开发并行技术或基于不同算法的技术。如果人类也参与了这些决定，那么除非各方谨慎地发展出一个共同的限制理念，否则先发制人的冲动可能会压倒谋定后动的需要，就像 20 世纪初的情况一样。

在股票市场，一些复杂的所谓量化公司认识到，人工智能算法可以发现市场模式，并以超过最佳操盘手的速度做出反应。因此，这些公司已将其证券交易方面的某些控制权委托给这些算法。在多数情况下，这些算法系统可以实现大幅超过人类操盘的利润。然而，它们偶尔会严重误判，程度可能远超最糟糕的人为错误。

在金融领域，此类错误会毁掉投资组合，但不会夺人性命。然而，在战略领域，一次类似“闪电崩盘”的算法故障造成的后果可能是灾难性的。如果数字领域的战略防御需要战术上的进攻，如果一方在此类计算或行动上出错，就可能在不经意间触发升级模式。

将这些新能力纳入一个明确的战略和国际均势概念的尝试非常复杂，因为技术优势所需的专业知识不再完全集中于政府方面。从传统的政府承包商到个人发明家、企业家、初创企业和私人研究实验室，各种各样的行为体和机构都参与到对这一具有战略意义的技术的塑造过程中。并不是所有参与者都认为其使命应与联邦政府所界定的国家目标保持内在一致。工业界、学术界和政府之间的相互教育过程可以帮助弥合这一鸿沟，并确保各方在一个共同的概念框架内理解人工智能战略意义的关键原则。很少有哪个时代面临过如此局面：一方面，其遭遇的战略和技术挑战如此复杂；另一方面，对该挑战的性质乃至讨论其所需的词汇却鲜有共识。

核时代尚未解决的挑战是：人类发展了一种技术，

战略家们却找不到可行的军事行动理论。人工智能时代的困境将与之不同，典型技术将被广泛获取、掌握和应用。无论是在理论概念上还是在实践操作中，实现相互间的战略克制，甚至是实现对“克制”的共同定义，都将比以往任何时候更加困难。

即使经过半个世纪的努力，如今对核武器的管控仍然是支离破碎的。然而，评估核平衡其实相对简单。核弹头可以计数，其生产也是已知的。人工智能的能力则不同，它不是固定的，而是动态变化的。与核武器不同的是，人工智能很难被追查：一旦经过训练，它们可以很容易地被复制，并在相对较小的机器上运行。以目前的技术，无论是要检测其存在还是证实其不存在，都是极其困难甚至无法实现的。在这个时代，威慑可能来自一种复杂性——来自人工智能攻击能够借助载体的多样性，也来自潜在的人工智能反应速度。

为了管控人工智能，战略家必须考虑如何将其纳入负责任的国际关系模式。在部署武器之前，战略家必须了解使用武器的迭代效应、这些武器导致冲突升级的可能性和谋求冲突降级的途径。负责任地使用策略，再辅以制约原则，将是必不可少的举措。决策者应致力于同时处理军备、防御技术和战略，以及军备控制问题，而不是将其视为在时间顺序上前后不同、在功能上彼此对立的步骤。必须在技术付诸使用前就制定理论并做出决定。

那么，这种制约的要求是什么呢？一个显见的出发点就是以传统强制方式对能力加以制约。在冷战期间，这种做法获得了一些进展，至少在象征意义上如此。一些能力受到了限制（如弹头），另一些（如中程导弹）则被彻底禁止。但无论是限制人工智能的潜在能力，还是限制人工智能的数量，都不能完全符合这种技术在民用领域的广泛应用和持续发展态势。我们必须研究新的限制因素，重点是人工智能的学习和目标锁定能力。

在一项部分预见到这一挑战的决定中，美国对“人工智能赋能武器”和“人工智能武器”进行了划分，前者使人类指挥的战争更精确、更致命、更有效，后者则能脱离人类操作者自主做出致命的决定。美国已宣布其目标是将人工智能使用限制在前一种类别中，并谋求建立一个任何国家，包括美国自身都不拥有后一种武器的世界。[20] 这种划分称得上明智。与此同时，技术的学习和演进能力也可能导致对某些特定能力的限制不足。对人工智能赋能武器的制约性质和制约方式进行界定，并确保约束是相互的，是关键所在。

在 19 世纪和 20 世纪，各国逐渐对某些形式的战争进行了限制，例如使用化学武器以及大量针对平民的行为。鉴于人工智能武器使大量新类别的军事活动成为可能，或使旧形式的军事活动重获新生，世界各国亟须对何种军事行为不会背离固有的人性尊严和道德责任等问题做出决断。要获得安全，我们需要预见即将发生的事情，而不仅仅是被动应对现状。

与人工智能相关的武器技术带来的困境在于：对技术的持续研发对国家至关重要，没有它，我们将失去商业竞争力和与世界的关联性。但新技术所固有的扩散天性迄今为止使通过谈判做出限制的一切努力付诸东流，甚至连概念也未能形成。

新世界中的古老追求

各个主要的技术先进国家都需要明白，它们正处于战略转型的门槛上，这种转型与当年核武器的出现同等重要，但影响将更加多样化、分散化和不可预测。每个正在扩展人工智能前沿的社会都应致力于成立一个国家层面的机构，来考量人工智能的防御和安全，并在影响人工智能创建和部署的各个部门之间建立桥梁。这个机构应被赋予两项职能：确保维持本国在世界其他地区的竞争力，同时协调研究如何防止或至少限制不必要的冲突升级或危机。在此基础上，与盟友和对手进行某种形式的谈判将是至关重要的。

如果要对这一方向进行探索，那么世界两大人工智能强国——美国和中国——就必须接受这一现实。两国可能会得出这样的结论：无论两国竞争的新阶段可能会出现何种形式的竞赛，两国仍应该寻求达成一项共识，即不会同对方打一场前沿技术战争。双方政府可以委托某个团队或高级官员负责监督，并直接向领导人报告潜在的危险，以及如何避免这些危险。截至本书撰写时，这种努力与两国的公众情绪并不相符。然而，这两个大国互相对峙而拒不进行对话的时间越长，发生意外的可能性就越大。一旦发生意外，双方都会被其技术和部署预案所驱使，陷入双方都不愿意看到的危机，甚至可能发生全球规模的军事冲突。

国际体系的矛盾之处在于，每个大国都被驱使采取行动，也必须采取行动，从而最大限度地保障自身的安全。然而，为了避免危机接踵而来，每个国家都必须对维持普遍和平有一定的责任感。这个过程涉及对限制的认识。军事规划人员或安全官员会根据可能发生的最坏情况考虑问题（这样做并没错），并优先寻求获取应对这些情况所需的能力。政治家（可能也就是上述这批人）则有义务考虑如何使用这些能力，以及使用之后的世界将会是什么样子。

在人工智能时代，我们应该对长期以来的战略逻辑进行调整。在灾难真正发生之前，我们需要克服，或者至少是遏制这种自动化的驱向。我们必须防止运行速度比人类决策者更快的人工智能做出一些具有战略后果的、不可挽回的行为。防御力量的自动化，必须在不放弃人类控制的基本前提下去实施。该领域固有的模糊性，再加上人工智能的动态性、突出性及其传播的便利性，将使评估复杂化。在此前的时代，只有少数几个大国或超级大国有责任限制自己的破坏性能力，以避免发生灾难。不久，人工智能技术的扩散可能会导致更多的行为体必须承担类似的使命。

当代领导人可以通过将常规能力、核能力、网络能力和人工智能能力广泛而动态地结合在一起，来实现控制武器装备的六大任务。

第一，对抗和敌对国家的领导人必须准备定期开展相互对话，讨论他们都想要避免的战争形式，就像他们的前任在冷战期间所做的那样。为对此有所助力，美国及其盟友应该围绕它们认为共同的、固有的和不可侵犯的利益与价值观组织起来，这些利益和价值观包括在冷战结束时及冷战后成长起来的几代人的经验。

第二，必须对核战略的未解难题给予新的关注，并认识到其本质正是人类在战略、技术和道德方面遭遇的巨大挑战之一。几十年来，对广岛和长崎被原子弹化为焦土的记忆迫使人们认识到核问题的不寻常性和严峻程度。正如美国前国务卿乔治·舒尔茨在2018年对国会所说："我担心人们已经失去了那种恐惧感。"拥核国家的领导人必须认识到，他们有责任共同努力，以防止灾难的发生。

第三，网络与人工智能技术的领先大国应该努力界定其理论和限制（即使其所有方面均未被公开），并找出自身理论与竞争大国之间的关联点。如果我们的意图是威慑而非使用，是和平而非冲突，是有限冲突而非普遍冲突，就需要以反映网络和人工智能独特层面的措辞来重新理解和定义这些术语。

第四，拥核国家应承诺对其指挥控制系统和早期预警系统进行内部检查。这类失效保护检查应确定检查步骤，以加强对网络威胁和在未经授权、疏忽或意外情况下使用大规模毁灭性武器行为的防范。这些检查还应包括排除对核指挥控制系统或早期预警系统相关设施的网络攻击的选项。

第五，世界各国，特别是技术强国，应制定强有力和可接受的方法，在紧张局势加剧和极端情况下尽量延长决策时间。这应该是一个共同的概念性目标，特别是在竞争对手之间，它可以将控制不稳定性和建立共同安全所需的步骤（既有当前的，也有长期的）联系起来。在危机中，人类必须对是否使用先进武器承担最终责任。特别是竞争对手间应该努力就一种机制达成一致，以确保那些可能不可撤销的决定是以有助于人类对其加以思考并有利于人类生存的方式做出的。[21]

第六，主要的人工智能大国应该考虑如何限制军事化人工智能的继续扩散，或者依靠外交手段与武力威胁，开展系统性的防扩散工作。那些野心勃勃地想要将技术用于不可接受的破坏性目的的技术收购者会是谁？有哪些特定的人工智能武器值得我们特别关注？谁来确保这条红线不被逾越？老牌的核大国探索过这种防核扩散概念，结果成败参半。如果一种具有颠覆性和潜在破坏性的新技术被用于武装世界上怀有最强烈敌意或道德上最不受约束的政府的军队，那么战略均势可能难以实现，冲突也可能无法控制。

由于大多数人工智能技术具有军民两用特性，我们有责任在这场技术研发竞赛中保持领先。但这也同样迫使我们去理解它的局限性。等到危机来临才开始讨论这些问题就为时已晚了。一旦在军事冲突中使用，人工智能技术的响应速度之快，几乎注定它将以比外交手段更快的速度产生结果。大国之间必须就网络和人工智能武器展开讨论，哪怕只是为了形成一套共同的战略概念话语，以及感知彼此的红线。要在最具破坏性的能力上实现相互制约，绝不能等到悲剧发生再去亡羊补牢。当人类开始在创造新的、不断演化的、拥有智能的武器方面展开竞争时，历史不会原谅任何对此设限的失败。在人工智能时代，对国家优势的持久追求，仍须以捍卫人类伦理为前提。

第六章

x

人工智能与人类身份

在一个机器越来越多地执行过去只有人类才能胜任的任务的时代，我们作为人类的身份又如何体现？正如前面章节所探讨的，人工智能将扩展我们对现实的了解。它将改变我们沟通、联系和共享信息的方式，也将改变我们发展的理论和部署的战略。当我们不再亲自探索和塑造现实，而是将人工智能作为我们感知和思想的辅助工具时，我们将如何看待自己以及我们在世界上的角色？我们将如何调和人工智能与人类自主和自尊等概念？

在先前的时代，人类始终将自己置于叙事的中心。

尽管大多数社会都承认人类并不完美，但它们同样视人类的能力和经验为世间众生可以实现的最高成就。这些社会颂扬那些体现人类精神巅峰的个人，这实际折射出的正是我们对自己的期许。这些英雄在不同的社会、不同的时代有着不同的形象，比如领导者、探险家、发明家、殉道者，但他们都体现了人类成就的各个方面，也因此体现了人的独特性。在现代，我们对英雄的崇拜集中在那些探索和塑造我们所处现实的理性开拓者身上，比如宇航员、发明家、企业家、政治领袖。

如今，我们正在迈入一个新时代，作为人类的创造物，人工智能正日益被赋予以前只能由人类心智完成或尝试的任务。随着人工智能不断执行这些任务，产生接近乃至超越人类智能所能完成的结果，它挑战了人何以为人的决定性属性。此外，人工智能能够学习、演化并变得“更好”（根据它被赋予的目标函数）。这种动态学习能力使人工智能能够实现复杂的结果，而这些结果直到目前还都是人类和人类组织的专利。

随着人工智能的崛起，对人类角色、人类愿望和人类成就的定义都将发生变化。在这个时代，人类的哪些品质值得颂扬？其指导原则是什么？人们有两种认识世界的传统方式：信仰和理性；如今又添上了第三种——人工智能。这种转变将考验（在某些情况下还将改变）我们对这个世界以及我们人类在其中所处位置的核心假设。理性不仅革新了科学，也改变了我们的社会生活、艺术和信仰。在其浸染之下，封建等级制度瓦解了，而民主，即理性的人应该自治的理念崛起了。现在，人工智能将再次检验我们的自我认知所依据的原则到底是什么。

在一个人工智能可以评估我们生活中的诸般事物，预测接下来会发生什么，并决定该做什么的时代，即一个现实可以被预测、近似和模拟的时代，人类理性的角色将会改变。我们对个人和社会的目标感也会随之改变。在某些领域，人工智能可能会增强人类的理性。在其他领域，人工智能则可能会让人类产生一种置身事外的感觉。对根据一种无法解释的（实际上也未被言说的）计算而选择了不同的车道或路线的司机来说，对根据人工智能协助的审查而被延长或被拒绝信贷的借款人来说，对根据类似程序被决定是否获得面试机会的求职者来说，对在认真开始研究工作之前就被人工智能模型告知最可能答案的学者来说，这种体验可能会是高效的，但并不总是令人满意的。对习惯了独断专行、以自我为中心，并垄断了复杂智力活动的人类而言，人工智能将挑战其自我认知。

到目前为止，我们所设想的种种进步，说明人工智能正在以多种途径改变我们与世界的互动方式，从而改变我们看待自己和自己在世界中所扮演角色的方式。人工智能会进行预测，比如一个人是否处于乳腺癌早期；它会做出决定，比如在国际象棋对弈中该走哪步棋；它能突显和过滤信息，比如该看什么电影或持有什么投资；它还能生成类人风格的文本，从句子到段落，乃至整个文档。随着这种能力变得日趋复杂，它们将迅速成为大多数人眼中具有创造性或专业性的存在。人工智能能够做出某些预测或决定、生成某些材料的事实本身，并不表明它具有类似于人类的复杂性。但在许多情况下，这些结果可以与以前只有人类才能给出的结果相媲美，甚至更好。

想想 GPT-3 之类的生成模型能够创建的文本吧。几乎任何受过初等教育的人都能合理地预测一个句子怎样才能补充完整。但是编写文档和代码（GPT-3 可以做到）需要复杂的技能，人类需要花费数年时间接受高等教育来培养这些技能。因此，我们曾经的信念，即像补充完整句子这样的任务与写作是不同的，而且比写作更简单，正遭遇生成模型的挑战。随着生成模型的不断改进，人工智能将引领我们对人类能力的独特性和相对价值产生新的认识。这将把我们置于何处？

借助与人类互补的现实感知，人工智能可能会成为对人类有用的同伴。在科学发现、创造性工作、软件开发和其他类似的领域中，有一个持不同视角的对话者会大有裨益。但这种合作的实现要求人类适应这样一个世界：在这个世界中，我们的理性并不是认识或驾驭现实的唯一方式，或许也不是最具广泛性的方式。这预示着，人类如今所经历的这场转变的意义比自活字印刷机问世近 6 个世纪以来所发生的任何转变都更加重大。

各个社会都有两个选择：一个是各自为战；另一个则是带着合作意向开始对话，举全人类的进步之力来界定人工智能的角色，同时明晰我们自己的角色。前一种路径是弃权式的默认，而后一种则需要领导人和哲学家、科学家和人文主义者，以及其他各种团体的清醒参与。

最终，个人和社会将不得不决定，生活的哪些方面应该留给人类智能，哪些方面则应交由人工智能或人类与人工智能的合作。人类与人工智能的合作并不是一种对等关系。归根结底，人工智能既由人类构建，也由人类指挥。但随着我们逐渐习惯和依赖人工智能，对其加以限制可能会导致更高昂的成本、更困难的心理挑战，甚至更复杂的技术。我们的使命将是了解人工智能给人类经验带来的变化、它对人类身份的挑战，以及这些发展变化的哪些方面需要由其他的人类义务来加以调节或制衡。人类未来将如何呈现，这取决于人类在人工智能时代的角色界定。

改变人类经验

对一些人来说，人工智能的体验将会赋予他们力量感。在大多数社会中，了解人工智能的人数虽少，但也在不断增长。对这些构建、培训、指派和监管人工智能的个人，以及拥有技术顾问的决策者和商业领袖来说，这种伙伴关系应该是让他们颇为心满意足的，尽管有时也会令人吃惊。事实上，在许多领域，借助专业化的技术超越传统理性的体验，如人工智能在医学、生物、化学和物理方面取得的突破，往往会令人颇有成就感。

那些缺乏相应技术知识的人，或者主要以消费者身份参与人工智能管理过程的人，也会经常发现这些过程令人满意，比如一个大忙人可以在乘坐自动驾驶汽车旅行时阅读或查看电子邮件。将人工智能嵌入消费产品确实可以广泛传播该技术带来的福祉。然而，人工智能也将运行不是为任何特定个人用户的利益而设计，也不是任何个人用户可以控制的网络和系统。在这些情况下，遭遇人工智能可能会让人感到不安或泄气，比如由人工智能推荐某个人而非其他人获得理想的升职或调任时，或人工智能鼓动或怂恿对主流观点持挑战甚至蔑视态度时。

对管理者来说，人工智能的部署可以带来很多优势。人工智能的决策通常与人类的决策一样准确，甚至比人类的更准确，如果有适当的保障措施，人工智能的决策可能更少有偏见。同样，人工智能在分配资源、预测结果和推荐解决方案方面可能更有效。事实上，随着生成式人工智能变得越来越普遍，它产生全新文本、图像、视频和代码的能力甚至可能使它在通常被认为需要创造性的角色（如起草文件和制作广告）中表现得和人类同行一样出色。对提供新产品的企业家、掌握新信息的管理者，以及创造日益强大的人工智能的开发者来说，这些技术的进步可能会增强他们的主导感和选择感。

优化资源配置和提高决策准确性对社会是有益的，但对个人来说，其实所谓意义，更多地来自其自主性，以及基于一系列行动和原则解释结果的能力。解释提供了意义并呈现其目的，对道德原则的公共认可和明确应用则提供了正当性。但算法不会提供基于人类经验的理由，来向公众解释其结论。有些人，尤其是那些了解人工智能的人，可能会觉得这个世界还是可以理解的；但更多的人可能并不理解人工智能为什么会这样做，这将削弱他们的自主性和赋予世界意义的能力。

人工智能改变了工作的性质，这可能会危及许多人的身份认同感、成就感和财务安全。受这种变化和潜在错位影响最大的可能是蓝领和中层管理人员，这些人的工作需要专门的培训，并涉及审查或解释数据，或是起草标准格式文件之类的专业工作。[1] 虽然这些改变不仅可以带来更高的效率，而且会创造新的岗位，但对在这个过程中经历了哪怕短暂错位与混乱的失意者而言，就算知道这只是过渡期的阵痛，而且这些改变终将提升整个社会的生活质量和经济生产力，他们恐怕也不会感到有所慰藉。有些人可能会发现自己可以从单调沉闷的工作中解脱出来，转而专注于更能激发成就感的工作；而另一些人可能会发现他们的技能不再是优势，甚至不再必要。

尽管这些挑战令人生畏，但并非前所未有。以往的技术革命也曾取代和改变了一些工作。机械纺织机等发明取代了纺织工人，并激发了卢德派（Luddites）的兴起。卢德派是一种政治运动的参与者，他们试图禁止新技术，以保留旧有生活方式，如果无法达成这一点，就破坏新技术。农业的工业化引发了人口向城市的大规模迁移。全球化改变了制造业和供应链，在许多社会最终吸收这些变化以实现自身的整体改善之前，两者都引发了新的变化乃至动荡。无论人工智能的长期影响究竟如何，在短期内，这项技术都将彻底改变某些经济领域、职业和身份。社会需要为此做好准备，不仅要为职位被取代者提供替代的收入来源，还要为他们提供新的成就感来源。

决策

在现代，如果我们遇到一个问题，标准反应是寻求解决方案，有时为确定方案还需找出这个问题的肇始者。这种观念赋予了人类责任感和原动力，这两者都有助于我们建立身份意识。现在，一个新的参与者正在加入这一均衡，可能会削弱我们在特定情境下作为主要思考者和行动者的感觉。有时候，无论是创造和控制人工智能，还是仅仅使用它，我们所有人都会在不经意间与人工智能互动，或者在自己并未提出请求的情况下获得人工智能提供的答案或结果。有时候，无形的人工智能可能给世界带来一种神奇的亲和感，就像商店似乎能预料到我们的到来和心血来潮的购物冲动一样。而在其他时候，人工智能则可能产生一种卡夫卡式的荒诞与噩梦感，比如当机构做出足以改变个人命运的决定——提供就业机会、发放车贷和房贷，或由安保公司或执法部门做出的决定——却没有一个人可以解释这决定是如何做出的时候。

这些合理的解释与不透明的决策之间、个人与庞大的体制之间、拥有技术知识和权威的人与一无所有的人之间的矛盾对立，其实并不是什么新鲜事。新鲜之处在于，另一种智能，即一种非人类的、通常无法以人类理性加以测度的智能，成了这些矛盾的源头。同样新鲜的还有这种新智能的普遍性和规模。那些缺乏人工智能知识或对其无权限的人可能特别倾向于拒绝人工智能。有一些人因对人工智能似乎能剥夺他们的自主权而感到沮丧，或者对其产生的附加效应感到恐惧，因而会尽量减少使用人工智能，并与社交媒体或其他人工智能介导的网络平台断开连接，以避免在日常生活中使用（至少是有意使用）人工智能。

社会的某些群体可能会在这条路上走得更远，执着于自身“实体主义者”而非“虚拟主义者”的定位。就像拒绝现代科技的阿米什人和门诺派教徒一样，一些人可能会完全拒绝人工智能，固守一个只有信仰和理性的世界。但随着人工智能的日益普及，“断开连接”将变成一种离群索居、孤家寡人般的自我孤立。事实上，即使是这种断开连接的可能性也是虚幻的：随着社会日益数字化，人工智能日益融入政府职能和各种产品中，其影响可能使我们避无可避。

科学发现

科学认识的发展往往涉及理论和实验之间的巨大差

距以及大量的试错。随着机器学习的进步，我们开始看到一种新的范式，在这种范式中，模型不是像传统的那样来自理论理解，而是来自基于实验结果得出结论的人工智能。这种方法需要的专业知识不同于开发理论模型或传统计算模型。它不仅需要对问题有深刻的理解，还需要知道哪些数据，以及数据的哪些表征，将有助于训练一个人工智能模型来解决问题。例如，在发现Halicin的过程中，选择哪些化合物以及将这些化合物的哪些属性输入模型，既至关重要，又充满偶然。

机器学习对科学理解的重要性日益增加，这对我们看待自己的方式和我们在世界上所扮演的角色提出了另一个挑战。科学历来是人类的专业知识、直觉和洞察力的巅峰组合。在理论和实验的长期相互作用中，人类的聪明才智推动了科学探索的各个方面，但人工智能为科学探究、发现和理解增加了一种非人类的、与人类相异的世界概念。机器学习产生的结果正日益令人感到惊讶，这些结果也催生了新的理论模型和实验。正如国际象棋大师已经采纳了 AlphaZero 那些出人意料的原创策略，并将其解释为一项可以提高自身对棋局理解的挑战一样，许多学科的科学家也开始这样做。在生物、化学和物理科学领域，一种混合伙伴关系正在形成，人工智能正在促成新的发现，那是一些人类虽未能亲自发现，却可以努力做出相应理解和解释的发现。

人工智能在生物和化学科学领域推动广泛发现的一个突出例子是 AlphaFold 的开发，这一程序使用强化学习创建了强大的新蛋白质模型。蛋白质是复杂的大分子，在生物系统的组织、器官的结构与功能，以及生物过程的调节中起着核心作用。一个蛋白质分子是由数百个（或数千个）被称为氨基酸的小单位组成的，这些小单位彼此连接在一起形成长链。因为在蛋白质的形成过程中有 20 种不同类型的氨基酸，所以一种常见的方法是将蛋白质视为一个包含数百个（或数千个）字符的序列，其中每个字符都来自一个由 20 个字符组成的“字母表”。

虽然氨基酸序列对研究蛋白质非常有用，但其未能呈现这些蛋白质的一个关键方面：由氨基酸链形成的三维结构。我们可以把蛋白质想象成需要在三维空间中组合在一起的复杂形状，就像锁和钥匙一样，以产生特定的生物或化学结果，比如疾病的进展或治愈。在某些情况下，蛋白质的结构可以通过晶体学等艰苦的实验方法来测量。但在许多情况下，这种方法会扭曲或破坏蛋白质，使其结构无法测量。因此，从氨基酸序列中确定三维结构的能力至关重要。自 20 世纪 70 年代以来，这一挑战被称为“蛋白质折叠”。

在 2016 年之前，学界在提高蛋白质折叠的准确性方面没有太多建树，直到一个名为 AlphaFold 的新程序取得了重大进展。正如其名称所暗示的，AlphaFold 的灵感来自开发人员教 AlphaZero 下棋时采用的方法。与 AlphaZero 一样，AlphaFold 使用强化学习来模拟蛋白质，而不需要人类的专业知识，即之前的方法所依赖的已知蛋白质结构。AlphaFold 将蛋白质折叠的准确性从大约40%提高了一倍多，达到约85%，这使得世界各地的生物学家和化学家能够重新审视他们以前无法回答的问题，并提出关于如何对抗人类、动物和植物中病原体的新问题。[2]像AlphaFold这样的进步若没有人工智能参与便不可想象。人工智能正在超越以往在测量和预测方面的限制，其结果是改变了科学家为治疗疾病、保护环境和解决其他基本挑战而获取相应知识的方式。

教育与终身学习

人工智能时代的到来将改变我们与他人，以及我们与自己的关系。正如今天的“数字原生代”和之前的几代人之间存在代沟一样，“人工智能原生代”和他们的前辈之间也会出现差异。未来，孩子们可能在比Alexas和谷歌Homes更先进的人工智能助手的陪伴下长大，这个助手集保姆、导师、顾问、朋友等多种角色于一身。

这样的助手几乎可以教孩子任何语言，也可以训练孩子学习任何科目，并根据每个学生的表现和学习风格来因材施教，使他们获得最佳的学习效果。当孩子感到无聊时，人工智能可以充当玩伴；当孩子的父母不在时，人工智能又可以成为监护者。随着由人工智能提供和量身定制的教育被引入，普通人的能力既会有所提高，也会面临挑战。

人类和人工智能之间的界限将会惊人地模糊。如果孩子在年幼之时就用到了数字助手，他们就会对此习以为常。同时，数字助手将与它们的主人一起成长发展，并随着他们的成熟，将他们的喜好和偏见逐渐内在化。数字助手的任务是通过个性化最大限度地提高人类同伴的便利感或满足感，它们给出的建议和信息可能会被人类用户视为必不可少，即使人类用户无法准确解释为什么它们要好于其他任何替代资源。

长此以往，人们可能会更偏爱自己的数字助手，而不是人类，因为人类不懂得投其所好，而且更“令人讨厌”（即使仅仅因为某人的个性和欲望与其他人不同）。结果，我们对彼此的依赖、对人际关系的依赖，可能都会被削弱。到那时，那些童年时代妙不可言的特质和无可替代的教训将变成什么样子呢？一种并不能感知或体验人类情感（但可能会模仿人类情感）却给予无处不在陪伴的机器，将如何影响孩子对世界的感知及其社会化？它将如何塑造想象力？它将如何改变游戏的本质？它将如何改变交友或融入社会的过程？

可以这么说，数字信息的唾手可得已经改变了一代人的教育和文化体验。现在，世界正在开展另一项“伟大实验”，在这个实验中，孩子们将在机器的陪伴下成长，这些机器将在许多方面充当以前世代人类教师那样的角色，却没有人类的感觉、洞察力和情感。最终，实验参与者可能会问，他们的经历是否以他们未曾预料或不能接受的方式被改变了呢？

父母也许会因为担心这种接触会对孩子产生不确定的影响而排斥这种技术。就像上一代的父母限制孩子看电视的时间，现在的父母限制孩子使用数码设备的时间一样，未来的父母可能会限制人工智能陪伴孩子的时间。但那些希望推动孩子取得成功的人，或者没有意愿或能力让孩子得到人类父母养育或人类导师教导而只能依赖人工智能的人，或者只是想满足孩子结交人工智能朋友愿望的人，可能会赞成让孩子与人工智能为伴。因此，这些尚处在学习与发展阶段、易受影响的孩子，可能通过与人工智能的对话形成他们对世界的印象。

具有讽刺意味的是，尽管数字化让越来越多的信息变得可用，但它却压缩了深入、专注思考所需的空间。今天几乎持续不断的媒体流增加了思考的成本，从而减少了思考的频率。算法为了回应人类对刺激的渴望而力推那些夺人眼球的事物，而能够夺人眼球的，往往也是戏剧性的、出人意料的和有感染力的。一个人能否在这种环境中找到思考的空间是一个问题，而如今占主导地位的交流形式不利于促进有节制的理性，这是另一个问题。

新信息中介

正如我们在第四章中所述，人工智能正日益塑造我们的信息领域。为了传播和组织人类经验，中介机构应运而生。这些组织和机构提炼复杂的信息，强调个人需要了解的内容，并将结果广而告之。[3]随着体力劳动分工的细化，社会也开始分配脑力劳动，报纸和期刊纷纷创建，用以向公民发布信息，大学也被用来对公民进行专科教育。从那时起，此类组织和机构便负责收集、提炼和传播信息，并确定其意义。

现在，从金融到法律，在每一个以密集脑力劳动为特征的领域，人工智能都正在被整合到学习的过程中。但人类并不是总能验证人工智能呈现的内容是否具有代表性，就像我们不是总能解释为什么 TikTok 和 YouTube 等应用会推广某些视频而非其他。而真人编辑和主播可以解释他们选择呈现内容的原因，无论其是否准确。只要人们还期望得到这样的解释，人工智能时代就会让大多数不了解其技术过程和机制的人失望。

人工智能对人类知识的影响是自相矛盾的。一方面，人工智能中介能够浏览和分析的数据的规模，比人类在无此协助之前所能想象的要大得多。另一方面，这种处理大量数据的能力，可能也会加大对数据的操纵和误导。人工智能能够比传统的宣传更有效地利用人类的激情，它会根据个人偏好和本能进行调整，以给出其创造者或用户所希望的回应。同样，人工智能中介的运用也可能放大固有的偏见，即使这些中介在技术上还在人类掌控之下。市场竞争的起伏变化促使社交媒体平台和搜索引擎竞相呈现用户最感兴趣的信息。结果，那些被认为是用户喜闻乐见的信息获得了优先排序，扭曲了现实的本来面貌。就像技术在 19 世纪和 20 世纪加速了信息生产和传播的速度一样，在这个时代，信息正因人工智能在传播过程中的参与而发生改变。

有些人会寻求信息过滤不被扭曲，或者至少察觉到这种扭曲。有些人会权衡各个过滤途径，从而独立地衡量结果。还有一些人则可能会选择完全排斥人工智能，而更偏爱通过传统的人工信息中介进行过滤。然而，当社会中的大多数人接受人工智能中介时——无论将其作为一种默认选项，还是作为推动网络平台的代价——那些仍在通过研究和理性来追求传统形式的个人探究者，可能会发现自己无法跟上时代发展的步伐。他们肯定会发现自我塑造的能力日益受限。

如果信息和娱乐变得沉浸化、个性化和合成化，比如人工智能挑选的“新闻”证实了某些人长期持有的信念，或者人工智能制作的电影让去世多年的演员担任了“主演”，一个社会还会对其历史和时事有共同的理解吗？它还会有共同的文化吗？如果一个人工智能被指示扫描一个世纪以来的音乐或电视，并以此制作出“轰动一时”的作品，它是在创作，还是仅仅在组装？那些传统上被视为人类与现实和生活经验产生独特接触的劳动者，比如作家、演员、艺术家和其他创作者，届时将如何看待自己，又如何被他人看待？

人类的全新未来

传统的理性和信仰将在人工智能时代继续存在，但其性质和范围必将因为引入一种新的、强有力的、机器运作的逻辑形式而受到深刻影响。人类身份可能会继续停留在“生命智能”的顶峰，但人类理性将不再被视为致力于理解现实的智能的全部。为了厘清我们在这个世界上的地位，我们的侧重点可能需要从“以人类理性为中心”转移到“以人类尊严和自主性为中心”。

启蒙运动的特点是试图界定人类理性，并根据理性与先前人类时代的关系，在与这些时代的对比中对其加以理解。霍布斯、洛克、卢梭及其他启蒙运动时期的政治哲学家从自然的理论状态中得出了他们的概念，并据此阐述了关于人类属性和社会结构的系列见解。当时的领导人又转而提出问题：如何才能汇集人类知识并进行客观的传播，以实现开明的政府和人类的繁荣？如果我们未能像前人那样全力以赴地去理解人性，那么人工智能时代将注定让我们迷失其中。

谨慎的人可能会试图限制人工智能，将其使用局限于零散功能，并限定其使用时间、场所和方式。社会或个人可能会保留自己绝对重要的地位和裁判者角色，将人工智能置于辅助的次要位置。然而，竞争带来的活力与变化将对这些限制构成挑战，我们在前一章提出的安全困境就是最鲜明的例证。除非受到基本的道德或法律限制，否则又有哪家公司甘愿放弃掌握竞争对手用来提供新产品或服务的与人工智能功能相关的知识呢？如果人工智能可以让行政官员、建筑师或投资者轻松预测结果或得出结论，那么有什么理由可以让他们不使用人工智能？考虑到实施限制措施将会承受的压力，需要在全社会或国际层面上对那些表面上可取的人工智能用途进行限制。

人工智能可能在探索和管理现实世界和数字世界方面发挥主导作用。在特定领域，人类可能会对人工智能言听计从，更喜欢人工智能的数据处理过程，而非人类思维的局限性。这种遵从，可能使许多人甚至大多数人退回到一个个人的、过滤的、定制的世界。在这种情境下，人工智能的力量加上它的普遍性、隐蔽性和不透明性，将引发人们对自由社会甚至自由意志前景的怀疑。

在许多领域，人工智能和人类将成为探索事业中的平等伙伴。因此，人类的身份将反映出与新关系的和解，无论是与人工智能还是与现实。不同的社会将为人类领导权开辟不同的领域。同时，它们将形成必要的社会结构和习惯，以理解人工智能并与其有效互动。为了与人工智能融洽相处，社会需要建立相应知识和心理基础设施，并运用其独特才智，尽可能地造福人类。技术将迫使政治和社会生活的许多方面（实际上是大多数方面）做出调整。

在每个独立的人工智能新运用布局中，建立平衡至关重要。各个社会及其领导人将不得不选择何时告知社会中的个人，他们正在与人工智能打交道，以及他们在这些互动中拥有何种权力。最终，通过这些选择，一个人工智能时代的全新人类身份呼之欲出。

一些社会和制度可能会逐步适应，然而，另一些却可能会发现，它们的基本假设与它们感知现实和自身的方式相冲突。由于人工智能促进了教育和信息获取，同时也增加了信息被夸大和操纵的可能性，这些冲突可能会愈演愈烈。个人的消息会更灵通、准备会更充分、观点会有更大影响力，他们可能据此对政府提出更多要求。

对此，可以给出一些原则。首先，为了确保人类的自主权，政府的核心决策应该脱离已被人工智能浸染的结构，并仅限于人类的管理和监督。我们社会固有的原则规定了对争端的和平解决。在这个过程中，秩序与正当性是互为关联的：没有正当性的秩序只是力量而已。

确保人类对政府基本构成部分的监督和决定性参与，对于维持其正当性至关重要。例如，在司法行政过程中，提供解释和道德推理是其正当性的关键要素，这使参与者能够评估裁决的公平性，并在其结论不符合社会所坚持的道德原则时对其提出疑问。由此可见，在人工智能时代，当涉及重大问题时，决策者都应该是具备相应资质、能够为所做选择给出理由的非匿名人类。

同样，民主也必须保留人的品质。在最基本的层面上，这将意味着保护民主审议和选举的完整性。有意义的协商需要的不仅仅是发言的机会，还需要保护人类言论不被人工智能扭曲。言论自由应继续作为人类的权利，而不能适用于人工智能。正如我们在第四章中所说的，人工智能有能力产生高质量和大容量的错误信息，比如深度伪造的信息，这些信息很难与真实的视频和音频记录区分开来。尽管人工智能自动语音是应人们的要求创建和运用的，但重要的是要在它与真正的人类语音之间建立一种可理解的区分。虽然对人工智能中介进行监管，以防止其传播错误信息和虚假信息（尤其是故意制造的虚假信息）是困难的，但也是必不可少的。在民主社会中，言论权允许公民分享相关信息、协商参与民主进程，并通过创作小说、艺术品和诗歌来追求自我实现。[4] 人工智能生成的虚假语句可能会模仿和近似人类语言，但它们只会淹没或扭曲后者。因此，遏制产生错误信息的人工智能进行传播，将有助于保护对我们的协商过程至关重要的言论权。对于两个从未谋面的公众人物之间的人工智能虚拟对话，人们会将其归为错误信息、娱乐节目还是政治探究，抑或是说答案取决于其所在情景或参与者？若没有本人允许，个人是否有权不在模拟现实中被呈现？反过来，如果得到了本人允许，那么这种合成式的表达会更加真实可信吗？

每个社会必须首先确定人工智能在各个领域允许和不允许使用的全部范围。对某些强大的人工智能，如通用人工智能的使用权，需要严格把关，以防止被滥用。因为通用人工智能的构建成本可能相当高昂，只有少数组织能够负担得起，所以其使用可能会受到限制。某些限制可能违反一个社会关于自由企业和民主进程的理念。对于其他方面的限制，如限制在生物武器生产中使用人工智能，应该很容易达成一致，但需要国际合作。

截至本书撰写时，欧盟已经勾勒出监管人工智能的计划纲要，[5]旨在将隐私和自由等欧洲推崇的价值观，与经济发展的需要和对欧洲本土人工智能公司的支持相平衡。这些监管措施描绘了一条位于中美之间的发展道路：在中国，出于包括监管在内的目的，政府正大举投资于人工智能；而在美国，人工智能研发在很大程度上被留给了私营部门。欧盟的目标是加强对企业和政府使用数据和人工智能方式的管理，并促进欧洲人工智能公司的创建和发展。该监管框架包括对人工智能的各种用途进行风险评估，并限制甚至禁止政府使用某些被视为具有高风险的技术，如人脸识别（尽管人脸识别有一些有益用途，如寻找失踪人口和打击人口贩运）。毫无疑问，这些初步概念会面临广泛的争议和修改，但这也是一个社会决定限制人工智能范围，并相信此举能够使其推动生活方式进步和未来发展的先例。

假以时日，这些努力将会被制度化。在美国，学术团体和咨询机构已经开始研究现有流程和结构与人工智能崛起之间的关系。其中既有学术界的努力，例如麻省理工学院提出的解决未来工作的倡议[6]；也有政府的参与，比如国家人工智能安全委员会[7]。有些社会可能完全放弃对此的解析，它们将落后于另一些社会。后者会进行相应探究，提前调整自身制度，或如我们将在下一章中讨论的那样建立全新的制度，从而减少过渡期的混乱，并最大化与人工智能的伙伴关系带来的物质和知识利益。随着人工智能的发展，建立这样的制度将至关重要。

对现实和人性的感知

由人工智能探索或在人工智能辅助下探索的现实，可能会超越人类的想象。它可能包含我们从未察觉或无法概念化的模式；它被人工智能所洞察的底层结构，可能是无法用人类语言表达的。正如我们的一位同行在观察 AlphaZero 之后所说："像这样的例子表明，有一些认知方式是人类意识无法实现的。”[8]

为了探索当代认知的未知疆域，我们可能需要委派人工智能前往那些我们自身无法进入的领域；而当它返航时，也可能带回我们不能完全理解的模式或预言。诺斯替派（Gnostic）哲学家关于存在“超越普通人类经验的内在现实”的预言，可能会被证明具有新的意义。我们可能会发现，自己离纯粹知识的概念更近了一步，而不再受我们的心智结构和传统人类思维模式的限制。我们不仅必须重新定义我们的角色——我们已不再是现实的唯一认知者，还必须重新定义我们认为自己正在探索的现实。而且，即使现实没有让我们感到困惑，人工智能的出现仍可能改变我们与现实以及我们彼此之间的关系。

随着人工智能的普及，一些人可能认为，人类比以往任何时候都更有能力认识和组织周遭的环境。另一些人则可能宣称，我们并没有自己想象的那么无所不能。这种对我们自身和我们所处现实的重新定义，将改变关于我们的基本假设，并让社会、经济和政治布局也随之改变。中世纪世界有它的神圣旨意，比如它的封建农业模式、它对王权的崇敬，还有它那高耸的大教堂尖顶所体现的向往。理性时代则有“我思故我在”的省思和对新疆域的追求，以及随之而来的在个人和社会的命运观念中对“推动者”的全新主张。至于人工智能时代，则尚未定义其自身的组织原则、道德概念或其抱负和局限性。

人工智能革命发生之迅猛，将超过大多数人的预期。除非我们发展出新的概念来解释、演绎和组织其所带来的转变，否则无论是对人工智能还是对其所产生的影响，我们都无法驾驭。在道德上、哲学上、心理上、实践上，可以说在各个方面，我们均发现自己正处于一个新时代的悬崖边，身后已无路可退。我们必须动用自己最根本的素养和资源，比如理性、信仰、传统和技术，来调整我们与现实的关系，从而让现实仍是人类的现实。

第七章

X

人工智能与人类未来

15 世纪欧洲印刷技术的进步所带来的变化，在历史和哲学维度上为我们提供了一个可与人工智能时代的挑战相对照的参考。在中世纪的欧洲，知识受到尊崇，但书籍却很稀有。个别作者创作了有关各种真实事件、神话传说和宗教教义的文学作品或百科全书式汇编。但这些书最终成为少数人的珍藏。大多数经验是源自生活的，大多数知识是口头传授的。

1450 年，德国美因茨市的金匠约翰内斯·谷登堡用借来的钱研制了一台试验性的印刷机。他的努力难言成功，因为他的生意一度陷入困境，债权人还起诉了他。但在 1455 年，欧洲的第一本印刷读物《四十二行圣经》问世了。最终，他的印刷机引发了一场革命，在西方乃至全球生活的各个领域都产生了强烈反响。到 1500 年，估计有 900 万册印刷读物在欧洲流通，每本书的价格大幅下降。不仅《圣经》以日常生活中的多种语言（而不是拉丁语）广泛传播，古典作家在历史、文学、语法和逻辑领域的各类图书作品也开始层出不穷。[1]

在印刷读物出现之前，中世纪的欧洲人主要通过社区传统获取知识。比如：通过参与收割和季节轮作积累民间智慧；在礼拜场所践行信仰并遵守圣礼；加入行业公会，学习技术，继而被允许加入其专业网络。当获得新信息或出现新想法时（来自国外的新闻、创新的农业或机械发明、新颖的神学解释），这些信息要么通过社区口口相传，要么通过手抄本进行书面传播。

随着印刷读物的普及，个人与知识之间的关系也随之改变。新的信息和思想可以通过更多样的渠道迅速传播。个人可以寻找对他们的具体工作有用的信息并进行自学。通过研究原始文本，他们可以探索公认的真理。那些对自己的观点深信不疑并能获得一定资源或赞助的人，可以发表他们的见解和解释。科学和数学的进步可以在大陆范围内迅速传播。交换小册子成为一种公认的政治辩论方法，就连神学争端也可以照此处理。新思想往往诉诸推翻既定秩序或从根本上对其进行重塑，这些思想的传播导致了宗教的变化（宗教改革）、政治的革命（调整国家主权的概念），以及对科学的新认识（重新定义现实的概念）。

今天，一个新时代正在向我们招手。在这个时代，技术将再次改变知识、发现、交流和个人思想。人工智能并非人类。它没有希望，不会渴求，也无感觉；它既没有意识，也不能反思。它是人类的创造物，在人类制造的机器上，体现人类设计的过程。然而，在某些情况下，它所产生的结果正以惊人的规模和速度接近那些迄今为止只能通过人类理性达到的成就。有时，这些结果令人震惊不已。因此，它可能会揭示现实的方方面面，比我们曾经想象的任何场景都更为激动人心。将人工智能作为伙伴来增强自身技能或追求理念的个人和社会，可能会在科学、医学、军事、政治和社会方面取得令以往时代黯然失色的傲人成就。然而，一旦接近人类智能的机器被视为产生更好更快结果的关键，单凭理性行事可能就显得有些不合时宜了。个人的理性实践曾定义了一个时代，而如今人们可能会发现其重要性已然发生了改变。

15 世纪欧洲的印刷革命产生了新的思想和话语，既扰乱又丰富了已有的生活方式。人工智能革命也将有类似作为：获取新的信息，产生重大的科学和经济进步，并以此改变世界。但它对话语的影响将难以确定。通过帮助人类统观数字信息的全局，人工智能将为知识和认识领域开启前所未有的前景。也有可能，人工智能在大量数据中发现的模式会产生一系列准则，并在各大洲乃至全球网络平台上被奉为圭臬。反过来，这可能会削弱人类的怀疑式探究能力，而正是这种能力定义了当下的时代。此外，人工智能还可能会把某些社会和网络平台社区引向不相往来又彼此对立的现实分野。

人工智能可能会让人类变得更好，但如果被错误运用，它也可能让人类变得更糟。然而它存在的事实本身就构成了对基本假设的挑战，在某些情况下，甚至超越了这一假设。迄今为止，人类独自发展出了对现实的理解，这种能力界定了我们在世界上所处的位置，以及我们与现实之间的关系。基于这种能力，我们阐明了我们的哲学，设计了我们的政府和军事战略，并形成了我们的道德准则。现在，人工智能已经揭示出，现实可能以不同的方式被认识，也许比人类独自理解的方式更为复杂。有时，人工智能的成就可能与那些最具影响力的人类思想家在其全盛时期所取得的成就一样引人注目和发人深思——它产生灵光一现的洞见，并对所有需要加以清算的既有概念提出挑战。但更常见的情况是，人工智能将会不引人注意地融入平凡生活之中，以一种与我们的直觉相契合的方式微妙地塑造我们的体验。

我们必须认识到，人工智能在其确定的参数范围内取得的成就有时可以与人类能力并驾齐驱，甚至超越了人类。通过重复“人工智能是人工的”“它没有也无法与我们对现实的意识体验相匹配”之类的话，我们或可聊以自慰。但是，当我们目睹人工智能所取得的部分成就时，比如逻辑上的壮举、技术上的突破、战略上的洞见，以及对大型复杂系统的精密管理，很明显，我们所面对的是另一种复杂存在体对现实的另类体验。

人工智能所触及的全新疆域，正展现在我们面前。以前，我们的思维局限性限制了我们收集和分析数据、过滤和处理新闻及对话，以及在数字领域进行社交互动的能力。在人工智能的引领之下，我们可以在这些领域尽情地遨游。它能发现信息并识别趋势，这是传统算法无法做到的，至少无法做得如此优雅和高效。这样一来，它不仅扩展了物理现实，也可以扩展和组织正蓬勃发展的数字世界。

但与此同时，人工智能也在减损一些东西。正如我们已经了解到的那样，它加速了人类理性的消解势头：社交媒体减少了反思的空间，在线搜索削弱了概念化的动力。人工智能出现之前的算法就擅长向人类传递“令人沉迷”的内容，人工智能则更精于此道。随着深度阅读和分析的收缩，从事这些过程的传统回报也在收缩。而随着选择退出数字领域的代价日益高昂，人工智能影响人类思想的能力，比如说服、引导、分心，却在与日俱增。结果，个人在审查、检验和理解信息方面的作用被削弱了，取而代之的是人工智能的作用扩大了。

浪漫主义者宣称，人类的情感是一种有效的、真正重要的信息来源。他们认为，主观体验本身就是真实的一种形式。后现代主义者在浪漫主义者的逻辑上更进一步，质疑透过主观经验的滤镜辨别客观现实的可能性。人工智能将进一步研究这个问题，但结果却是矛盾的。一方面，它将审视事物的深层规律并揭示新的客观事实，比如医疗诊断、工业或环境灾难的早期迹象，还有迫在眉睫的安全威胁；然而另一方面，在媒体、政治、话语和娱乐领域，人工智能将重塑信息以投我们所好，这可能会坐实和加深偏见，并在这一过程中阻碍我们接近和认同客观真相。因此，在人工智能时代，人类理性会发现自己既被增强，也被削弱。

随着人工智能融入日常生活，并扩展和改变这种生活，人类将会感受到内心相互冲突的冲动。面对非专业人士无法理解的技术，一些人可能会将人工智能的宣告视为近乎天意的判断。这种宗教式的冲动虽属误解，但并非全无道理。如果有一种人类无法理解或控制的智能，能够给出十分灵验又透着几分神异的结论，在这样一个世界中，遵从这种智能的判断难道是愚蠢的吗？在这种逻辑的推动下，世界可能会随之“复魅”，人工智能则会因其发布的“神谕”而使一些人对其深信不疑，言听计从。特别是通用人工智能，一种了解世界并凭直觉感知其结构和可能性的超人类方式，可能会被不少人奉若神明。

但这种尊奉会侵蚀人类理性的范围和程度，因此可能会引发反弹。就像有些人选择远离社交媒体、限制孩子玩数码产品的时间、拒绝转基因食品一样，将来有些人也会试图远离“人工智能世界”，或限制自己接触人工智能系统,以此为自己的理性保留空间。在自由国家，这样的选择是可能的，至少在个人或家庭层面上如此。但这么做绝非毫无代价。拒绝使用人工智能可不仅仅意味着放弃自动推荐电影和行车导航等便利，更意味着错过大量的数据、网络平台，以及医疗保健、金融等各个领域的进步。

在文明层面，放弃人工智能是不可行的。领导者们将不得不直面这项技术的影响，他们对这项技术的应用负有重大责任。

至关重要的是，我们需要一种伦理准则，它能够帮助我们理解人工智能时代，甚至在这个时代为我们提供指引。但这种准则的制定不能被托付给单一的学科或领域。开发这项技术的计算机科学家和商业领袖、寻求部署这项技术的军事战略家、意图塑造这项技术的政治领袖，以及致力于探索其深层含义的哲学家和神学家，都只是从各自的管中窥见了全豹之一斑而已。所有人都应该参与意见交流，而不是拘泥于自身先入之见。

在每个转折点，人类都将有三个主要选择：限制人工智能、与它合作或顺从它。这些选择将界定人工智能在特定任务或领域的应用，同时体现在实践和哲学两个层面。例如，在航空和行车紧急情况下，人工智能副驾驶员应该听从人类，还是应该反过来呢？对于每一个应用领域，人类都必须就人工智能的应用范围画出一道分界线；在某些情况下，这道线还会随着人工智能能力的发展和测试人工智能结果的人类协议的更改而有所演变。有时，遵从人工智能的建议是恰当的，比如如果人工智能能够比人类更早、更准确地在乳房 X 光片中发现乳腺癌，那么使用它将拯救生命。有时，伙伴关系是最理想的，比如自动驾驶汽车中人工智能的功能就可以像今天的飞机自动驾驶仪一样。但在其他时候，比如在军事情境中，对人工智能进行严格的、定义明确的且易于理解的限制，将是至关重要的。

对于我们所知为何、何以知之甚至何为可知等问题，人工智能也会改变我们的探究途径。现代社会重视人类心智通过收集和检验数据，以及通过观察推断见解而获得的知识。在当下这个时代，理想型的真理一直是非凡的、可检验的命题，并可通过测试加以证明。但人工智能时代将弘扬另一种知识的概念，即人类和机器合作的成果。我们（人类）将创建和运行（计算机）算法，这些算法将以更快、更系统的方式检验更多的数据，并且使用与任何人类心智都不同的逻辑。有时，其结果将揭示世界的某些属性，而这些属性是我们在与机器合作前无法想象的。

从某种意义上来说，人工智能已经超越了人类的感知。通过时间压缩或“时间旅行”，也就是借助算法和算力，人工智能可以通过一些过程进行快速分析和学习，而同样的过程，人类心智需要几十年甚至几个世纪才能完成。而在其他方面，单靠时间和算力已不足以描述人工智能的功能。

通用人工智能

人类和人工智能是否从不同的角度接近同一个现实，并且可以优势互补、相辅相成呢？还是说，我们会感知到两种不同但部分重叠的现实：一种是人类可以通过理性阐述的，另一种则是人工智能可以通过算法说明的？如果答案是后一种，那么人工智能就能感知我们尚未感知也无法感知的事物——不仅因为我们没有足够的时间以我们的方式去推理它们，还因为它们存在于一个我们的心智无法概念化的领域中。人类对"全面了解世界"的追求将会发生改变，人们会意识到，为了获得某些知识，我们可能需要委托人工智能为我们获取知识，并向我们汇报。无论答案是哪一个，随着人工智能追求的目标愈加全面和广泛，在人类看来，它都将越来越像一个体验和了解世界的“生灵”——一种结合了工具、宠物和心智的存在。

当研究人员接近或已然实现通用人工智能时，这个谜题只会显得越发深邃。正如我们在第三章所述，通用人工智能将不会局限于学习和执行特定的任务；相反，根据其定义，通用人工智能将能够学习并执行范围极广的任务，一如人类所为。开发通用人工智能将需要巨大的算力，这可能导致只有少数资金充足的组织有能力创建此类人工智能。与目前的人工智能一样，尽管通用人工智能可能随时被分散部署，但鉴于其能力，其应用有必要受到限制。可以通过只允许经批准的组织运营通用人工智能来对其施加限制。那么问题将变成：谁来控制通用人工智能？谁来授权使用它？在一个少数“天才”机器由少数组织操纵的世界里，民主还是可能的吗？在这种情况下，人类与人工智能的合作会是何种模样？

如果通用人工智能真的出现在世上，这将是智力、科学和战略上的重大成就。但即便未能如此，人工智能也同样能为人类事务带来一场革命。

人工智能在应对突发事件（或者说意外事件）及提供解决方案方面展现出的动力和能力使其有别于以往的技术。如果不受监管，人工智能可能会偏离我们的预期，进而偏离我们的意图。到底是限制它、与它合作还是顺从它，这个决定将不仅仅由人类做出。在某些情况下，这将由人工智能本身决定；在其他情况下，则取决于各种助力因素。人类可能参与到一场“逐底竞争”中。随着人工智能实现流程自动化、允许人类探索大量数据，并组织和重构物质和社会领域，那些先行者可能获得先发优势。竞争压力可能会迫使各方在没有足够时间评估风险或干脆无视风险的情况下竞相部署通用人工智能。

人工智能的伦理道德是必不可少的。每个个体的决定——限制、合作或顺从——也许会产生戏剧性的后果，也许不会，但当它们汇合起来，影响就会倍增。这些决定不可能是孤立的。如果人类想要塑造未来，需要就指导每一个选择的共同原则达成一致。确实，集体行动很难实现，有时甚至不可能实现，但缺乏共同道德规范指导的个人行动只会让人类陷入更大的动荡。

那些设计、训练人工智能并与人工智能合作的人能够实现的目标，将达到迄今人类无法企及的规模和复杂程度，比如新的科学突破、新的经济效率、新的安全形式，以及社会监控的新维度。而在扩展人工智能及其用途的过程中，那些未能获得主导权的人可能会感到，他们正在被自己不了解，而且并非由自身设计或选择的力量所监视、研究和采取行动。这种力量的运作是不透明的，在许多社会中，这是传统的人类行为者或机构不能容忍的。人工智能的设计者和部署者应该准备好解决这些问题，首先要做的是向非技术人员解释人工智能在做什么、它“知道”什么，又会如何去做。

人工智能的动态性和新兴性至少令其在两个方面产生了模糊性。首先，人工智能可能按照我们的预期运行，但会产生我们无法预见的结果。这些结果可能会把人类引入其创造者也始料未及的境地，就像1914年的政治家没有认识到军事动员的旧逻辑加上新技术会把欧洲拖入战争一样。如果贸然部署和运用人工智能，可能会造成严重后果。这些后果可能是小范围的，比如自动驾驶汽车做出的决定危及生命；也可能是极其重大的，比如严重军事冲突。其次，在某些应用领域中，人工智能可能是不可预测的，它的行动完全出人意料。以AlphaZero为例，它只是根据“赢棋”的指示，就发展出一种人类在几千年的国际象棋历史中从未设想过的棋风。虽然人类可能会小心规定人工智能的目标，但随着我们赋予其更大的自由度，其实现目标的路径可能会让我们惊讶，甚至感到恐慌。

因此，对人工智能的目标和授权都需要谨慎地设计，尤其是在其决策可能致命的领域。我们既不应将人工智能视为自动运作、无须照管的存在，也不应允许其在无人监督、监视或直接控制的情况下采取不可撤销的行动。人工智能由人类创造，故也应由人类来监管。但在我们这个时代，人工智能面临的挑战之一是，具备了创造人工智能所需的技能和资源的人并非必然具有理解其更广泛内涵的哲学视角。许多人工智能的创造者主要关注的是他们试图实现的应用和他们想要解决的问题：他们可能不会停下来考虑这个解决方案是否会产生一场历史性的革命，或者他们的技术将如何影响不同的人群。人工智能时代需要它自己的笛卡儿和康德，来解释我们创造了什么及其对人类有何意义。

我们有必要组织政府、大学和私营行业创新者均参与其中的理性讨论和协商，目标应该是对实际行动建立限制，就像今天管理个人和组织行动的那些限制一样。人工智能与一些受监管的产品、服务、技术和实体具有相同的属性，但在一些重要方面又与它们不同，它缺乏自己完全定义的概念和法律框架。例如，人工智能不断演变、推陈出新的特性给监管带来了挑战：它在世界上的运作对象和方式可能因不同领域而异，并随着时间的推移而演变，而且并不总是以可预测的方式呈现。对人的治理是以道德准则为指导的。人工智能需要一种自己的道德准则，这种准则不仅反映了技术的本质，也反映了它所带来的挑战。

通常，既有原则并不适用于此处。在信仰时代，当神明裁判中的被告面临战斗裁决时，法院可以判定罪行，但由上帝决定谁获得胜利。在理性时代，人类根据理性的戒律来确定罪责，并根据因果关系和犯罪意图等概念来判罪并给予惩罚。但是人工智能并不依靠人类的理性运作，也没有人类的动机、意图或自我反省。因此，人工智能的引入将使适用于人类的现有正义原则更为复杂化。当一个自主系统基于自己的感知和决策行动时，其创造者承担责任吗？还是说，人工智能的行为不可与其创造者相混同，至少在罪责方面不应连坐？如果人工智能被用来监视犯罪行为的迹象，或者帮助判断某人是否有罪，那么人工智能必须能够“解释”它是如何得出结论的，以便人类官员采信吗？

此外，在技术发展的哪个时点、何种背景之下，人工智能应该受到国际协商的限制？这是另一个重要的辩论主题。如果试探过早，这项技术的发展可能会受到阻碍，或者可能诱使其隐藏自身能力；如果拖延太久，则可能会造成破坏性后果，尤其是在军事方面。对于一种虚无缥缈、晦涩难懂且易于传播的技术，难以对其设计有效的核查机制使得这一挑战更加复杂。官方的协商者必然是政府，但也需要为技术专家、伦理学家、创造和运营人工智能的公司以及其他领域外人士搭建发声平台。

对不同社会来说，人工智能带来的两难困境均具有深远意义。如今，我们的大部分社会和政治生活都是在人工智能赋能的网络平台上进行的，民主国家尤其如此，它们依靠这些信息空间进行辩论和交流，形成公众舆论并赋予其合法性。谁，或者什么机构，应该定义技术的角色？谁又应该监管它？使用人工智能的个人应该扮演什么样的角色？生产人工智能的公司呢？部署使用它的社会政府呢？作为这些问题解决方案的一部分，我们应该设法使其可审核，亦即使其过程和结论既是可检查的又是可纠正的。反过来，纠正能否实施，将取决于能否将针对人工智能感知和决策形式的原则细化。道德、意志甚至因果关系都不能很好地契合自主人工智能的世界。从交通运输到金融再到医药，社会的大多数层面都会出现类似的问题。

想想人工智能对社交媒体的影响吧。借助最近的创新，这些平台已迅速成为我们公共生活的重要方面。正如我们在第四章中所讨论的，推特和脸书用以突显、限制或完全禁止内容或个人的功能全都仰仗人工智能，这便是其力量的证明。使用人工智能进行单边的、通常不透明的内容和概念推广或删除，对各国尤其是民主国家来说都是一个挑战。随着我们的社会和政治生活越来越多地转向由人工智能管理的领域，并且我们只能依靠这种管理来驾驭这些领域，我们是否有可能保留主导权？

使用人工智能处理大量信息的做法也带来了另一挑战：人工智能加大了对世界的扭曲，以迎合人类的本能偏好。在这一领域，人工智能可以轻易地放大我们的认知偏差，而我们却还与之共鸣。伴随着这种共鸣，面对选择的多样性，又被赋予了选择和筛选的权力，人们接受的错误信息将会泛滥。社交媒体公司不会通过新闻推送来推动极端和暴力的政治极化，但显而易见的是，这些服务也没有导致开明话语的最大化。

人工智能、自由信息和独立思考

那么，我们与人工智能的关系应该是怎样的呢？在管理这些领域时，它应该被约束、被授权，还是被当作伙伴？某些信息的传播，尤其是故意制造的虚假信息，会造成损害、分裂和煽动，这是毋庸置疑的。因此一些限制是必要的。然而，现在对“有害信息”的谴责、打击和压制显得过于宽松，这也应该引起反思。在一个自由社会里，有害信息和虚假信息的界定不应该被囿于公司的职权范围。但是，如果将此类职责委托给一个政府小组或机构，该小组或机构应该根据确定的公共标准并通过可核查的程序来运作，以避免被当权者利用。如果将其委托给人工智能算法，则该算法的目标函数、学习、决策和行动必须清晰并接受外部审查，而且至少要有某种形式的人类诉求。

当然，不同的社会会对此得出不同的答案。有些社会可能会强调言论自由，强调程度可能因其对个人表达的相对理解差异而有所不同，并且可能因此限制人工智能在调和内容方面的作用。每个社会都会选择各自重视的观念，这可能会导致其与跨国网络平台运营商之间的复杂关系。人工智能就像海绵一样善于吸收，它向人类学习，甚至在我们设计和塑造它的时候也是如此。因此，不仅每个社会的选择是不同的，每个社会与人工智能的关系、对人工智能的感知，及其人工智能模仿人类、向人类老师学习的模式也是各不相同的。但有一点是确定的，那就是人类对事实和真理的追求不应该使一个社会通过一个轮廓不明、无法检验的过滤器来体验生活。对现实的自发体验尽管有其矛盾性和复杂性，却是人类境况的一个重要方面，即使这种体验导致了低效或错误。

人工智能和国际秩序

在全球范围内，有无数问题正亟待解答。如何对人工智能网络平台进行监管，而不会引发担心其安全性的国家之间的紧张关系？这些网络平台是否会侵蚀传统的国家主权观念？由此产生的变化会给世界带来苏联解体以来从未有过的两极分化吗？小国会反对吗？试图调解这些后果的努力会成功吗？或者有成功的希望吗？

随着人工智能的能力不断增强，如何定位与人工智能合作时人类的角色将变得愈加重要和复杂。我们可以设想这样一个世界：在这个世界里，人类在日益重要的问题上越发尊重人工智能的意见。在一个进攻对手成功部署人工智能的世界里，防御方的领导人能否决定不部署自己的人工智能并为此担责，即使他们也不确定这种部署将带来怎样的演变？而如果人工智能拥有推荐一种行动方案的优越能力，那么决策者是否有理由接受它，即使该行动方案需要做出一定程度的牺牲？人类怎么能知道这种牺牲是否对胜利必不可少呢？如果确实必不可少，那么决策者真的愿意否决它吗？换句话说，我们可能别无选择，只能扶植人工智能。但我们也有责任以一种与人类未来相容的方式来塑造它。

不完美是人类经验中的常态之一，尤其是在领导力方面。通常，决策者会因偏狭的担忧而杯弓蛇影。有时，他们的行动基于错误的假设；有时，他们的行动纯粹是出于感情用事；还有一些时候，意识形态扭曲了他们的视野。无论用何种策略来构建人类与人工智能的伙伴关系，它们都必须适应人类。如果人工智能在某些领域显示出超人的能力，则其使用必须能够被不完美的人类环境所兼容并包。

在安全领域，人工智能赋能系统响应速度非常快，使得对手可能会在系统运行之前尝试进行攻击。结果是可能造成一种内在不稳定的局势，堪比核武器所造成的局势。然而，核武器被置于国际安全和军备控制概念的框架中，这些概念是由各国政府、科学家、战略家和伦理学家在过去几十年里通过不断提炼、辩论和谈判发展起来的。人工智能和网络武器没有类似的框架。事实上，政府可能并不愿意承认它们的存在。各国——可能还有科技公司——需要就如何与武器化的人工智能共存达成一致。

人工智能通过政府防务职能的扩散，将改变国际平衡以及在我们这个时代维持这种平衡所依赖的计算。核武器代价高昂，而且由于其规模和结构而难以被隐藏。与之相反，人工智能可以在随处可见的计算机上运行。由于训练机器学习模型需要专业知识和计算资源，因此创造一个人工智能需要大公司或国家级的资源；而由于人工智能的应用是在相对较小的计算机上进行的，因此其必将被广泛使用，包括以我们意想不到的方式。任何拥有笔记本电脑、连接到互联网并致力于窥探人工智能黑暗面的人，最终都能获得人工智能赋能的武器吗？政府是否会允许与其关系若即若离或毫无关系的行为者使用人工智能来骚扰他们的对手？恐怖分子会策划人工智能袭击吗？他们是否会（错误地）将这些活动嫁祸给国家或其他行为者？

过去，外交在一个有组织、可预测的舞台上进行；如今，其信息获取和行动范围将获得极大的扩展。以往因地理和语言差异而形成的清晰界线将逐渐消失。人工智能翻译将促进对话，而且不用像以往的译者那样不仅要有语言造诣，还要精通文化。人工智能赋能的网络平台将促进跨境交流，而黑客攻击和虚假信息将继续扭曲人们的认知和评估。随着形势愈加复杂，制定具有可预测结果的可执行协议将变得更加困难。

将人工智能功能与网络武器相结合的可能性加深了

这一困境。人类通过明确区分常规武器（被认为与传统战略相调和）和核武器（被认为是例外）而回避了核悖论。核武器的破坏力量一旦释放就是无差别的，不分对象；而常规武器可以辨别打击目标。但是，既能辨别目标又能进行大规模破坏的网络武器消除了这一区分。如果再有人工智能推波助澜，这些武器将如虎添翼，变得更加不可预测，潜在的破坏性也更大。同时，当这些武器在网络中伺机游弋时，是无法确定归属的。它们无法被察觉，因为它们不像核武器那么笨重；它们还可以通过 U 盘携带，而这有利于扩散。在某些形式下，这些武器一旦被部署就难以控制，如果考虑到人工智能的动态性和新兴性就更加如此。

这种形势挑战了以规则为基础的世界秩序的前提。此外，它还让发展人工智能军备控制的相关概念成了当务之急。在人工智能时代，威慑将不再遵循历史准则，它也做不到这一点。在核时代之初，依据哈佛大学、麻省理工学院和加州理工学院的领军教授、学者（有政府工作经验）在讨论中形成的真知灼见，人们搭建了一个核军备控制的概念框架，继而又促成了一个制度（以及在美国和其他国家实施该制度的机构）的建立。尽管学术界的思想很重要，但它与五角大楼对常规战争的考量是分开实施的——它是一种补充，而非对原有框架的修改。但人工智能的潜在军事用途比核武器更广泛，而且至少到目前为止，其进攻和防御还谈不上泾渭分明。

在一个如此复杂、内在又如此叵测的世界里，人工智能成了另一种误解和错误的可能来源，拥有高科技能力的大国迟早将不得不就此进行一场持续对话。这种对话应聚焦于一个根本问题：避免灾难，并以此求得生存。

人工智能和其他新兴技术（比如量子计算）似乎正在让超越人类感知范围的现实变得触手可及。然而，最终我们可能会发现，即使是这些技术也有其局限性。我们的问题是，我们尚未领会它们的哲学蕴含。我们正在被它们不由自主地推动向前，而非有意识地向前。上一次人类意识发生重大变化是在启蒙运动时期，这一转变的发生是因为新技术产生了新的哲学见解，而这些见解又通过技术（以印刷机的形式）传播开来。在我们这个时代，新技术已经发展起来，但相应的指导性的哲学理念却暂付阙如。

人工智能是一项具有深远潜在利益的宏大事业。人类正在努力开发人工智能，但我们是用它来让我们的生活变得更好还是更糟？它允诺带来更强力的药物、更高效公平的医疗保健、更可持续的环境实践，以及其他种种进步。然而与此同时，它也可以使信息失真，或者至少使接收信息和识别真相的过程变得更加错综复杂，并由此令一部分人的独立推理和判断能力日渐减退。

许多国家已经将人工智能列为国家项目，而美国却尚未系统地探索其范围，研究其影响，或者开始与其相调和的进程。美国必须将所有这些确立为国家的优先事项。这一过程将需要在不同领域有着丰富经验的人们展开精诚合作，来自政府高层、企业和学术界的德高望重的精英小组的领导，对这一过程的开展将大有助益，甚至必不可少。

这样一个小组或委员会至少应具有两项职能：其一，在国家层面，它应该确保美国在人工智能领域保持知识和战略竞争力；其二，在国家和全球层面，它都应该致力于研究人工智能产生的文化影响，并提高对此影响的认识。

此外，该小组应准备好同现有的国家级和次一级小组进行接洽。

我们的写作可以被纳入一项宏大工作中，其致力于涵盖所有人类文明——实际上是整个人类物种。这项工作的发起者未必是这样认为的，他们的动机是解决问题，而不是思考或重塑人类处境。技术、战略和哲学需要在一定程度上协调一致，以免互生龃龉。我们应该守护传统社会的哪些方面？我们又应该冒着失去传统社会哪些方面的风险，去缔造一个更美好的社会？人工智能作为一种新兴事物，如何融入传统的社会规范和国际均势概念中？当我们对自己所处状况既无经验也无直觉时，我们还应该寻求什么问题的答案？

最后，一个“元”问题浮现出来：在对世界有着不同解释和理解的人工智能的“辅助”下，人类能否满足对哲学的需求？人类并不完全了解机器，但我们最终是否将与它们和平共处，并以此改变世界？

伊曼努尔·康德在他的《纯粹理性批判》一书的序言中以这样一个观点开篇：

> 人类理性具有此种特殊运命，即在其所有知识之一门类中，为种种问题所困，此等问题以其为理性自身之本质所加之于其自身者，故不能置之不顾，但又因其超越理性所有之一切能力，故又不能解答之也。[2]①

在此后的几个世纪里，人类对这些问题进行了深入的探索，其中一些问题涉及心灵、理性乃至现实的本

① 康德．纯粹理性批判［M］．蓝公武，译．北京：商务印书馆，1960.

质。人类已取得了重大突破，但也遇到了康德提出的许多限制：一个其无法回答的问题领域，一个其无法完全了解的事实领域。

人工智能的出现，带来了人类仅凭理性无法获得的学习和处理信息的能力，它可能会让我们在那些已被证明超出我们回答能力的问题上取得进展。但是，成功将带来新的问题，其中一些问题我们已经试图在本书中阐明。人类智能和人工智能正值风云际会，两者将彼此融汇于国家、大洲，甚至全球范围内的各种追求之中。理解这一转变，并为之发展一种指导性道德准则，需要社会各个阶层，包括科学家和战略家、政治家和哲学家、神职人员和首席执行官们，群策群力、各抒己见并做出共同的承诺。不仅各国内部应有此承诺，国与国之间也同样如此。现在，是时候定义我们与人工智能的伙伴关系，以及由此产生的现实了。

致谢

正如本书所试图推进的讨论一样，它的形成受益于来自不同领域、年龄各异的同行和朋友们的贡献。

梅雷迪思·波特以她的专注、勤奋和对抽象事物的特殊直觉，参与了本书的研究、起草、编辑，还帮助我们融合彼此的观点并将其纳入同一框架。

斯凯勒·斯考滕中途加入了这个项目，并通过出色的分析和写作能力推进了项目的讨论、实例和叙述。

本·道斯最后才加入这个项目，但他的加入以及在他渊博历史知识指导下进行的额外研究，都帮助本项目取得了成果。

我们的编辑和出版商布鲁斯·尼科尔斯提供了明智的建议、准确的编辑，并对我们的不断修改保持了一份耐心。

伊达·罗斯柴尔德以她特有的精确性和洞察力，对每一章的内容进行了编辑。

穆斯塔法·苏莱曼、杰克·克拉克、克雷格·蒙迪和迈特拉·拉古根据他们各自身为创新者、研究者、开发者和教育工作者的经验，对整个书稿提供了不可或缺的反馈。

国家人工智能安全委员会（NSCAI）的罗伯特·沃克和伊尔·巴伊拉卡里秉持他们负责捍卫国家利益的特有承诺，对涉及安全的相关章节草稿进行了评论。

德米斯·哈萨比斯、达里奥·阿莫戴、詹姆斯·J.柯林斯和雷吉娜·巴尔齐莱向我们解释了他们的工作及其深远影响。

埃里克·兰德、萨姆·阿特曼、里德·霍夫曼、乔纳森·罗森伯格、萨曼莎·鲍尔、贾瑞德·科恩、詹姆斯·曼尼卡、法里德·扎卡里亚、杰森·本特和米歇尔·奈特提供了额外的反馈，使书稿内容更加准确，我们希望这些内容更贴近读者。

本书如有任何不足之处，均属我们自己的问题。

注释

前言

1. "AI Startups Raised USD734bn in Total Funding in 2020," *Private Equity Wire*, November 19, 2020, https: // www.private equity wire.co.uk /2020 /11 /19 /292458 /ai-startups-raised-usd734bn-total-funding-2020.

第一章

1. Mike Klein, "Google' s AlphaZero Destroys Stockfish in 100-Game Match," Chess.com, December 6, 2017, https: // www.chess.com /news /view /google-s-alphazero-destroys-stockfish-in-100-game-match; https: //perma.cc /8WGK-

HKYZ; Pete, “Alpha-Zero Crushes Stockfish in New 1,000-Game Match,” Chess .com, April 17, 2019, https: //www.chess.com /news /view /updated-alphazero-crushes-stockfish-in-new-1-000-game-match.

2. Garry Kasparov.Foreword. *Game Changer: AlphaZero's Ground breaking Chess Strategies and the Promise of AI* by Matthew Sadler and Natasha Regan, New in Chess, 2019, 10.

3. “Step 1: Discovery and Development,” US Food and Drug Administration, January 4, 2018, https: //www.fda.gov/patients /drug-development-process /step-1-discovery-and-development.

4. Jo Marchant, “Powerful Antibiotics Discovered Using AI,” *Nature*, February 20, 2020, https: //www.nature.com /articles /d41586-020-00018-3.

5. Raphaël Millière (@raphamilliere), “I asked GPT-3 to write a response to the philosophical essays written about it ...” July 31, 2020, 5:24 a.m., https: //twitter.com /

raphamilliere /status /128912 9723310886912 /photo /1; Justin Weinberg, “Update: Some Replies by GPT-3,” *Daily Nous*, July 30, 2020, https: //dailynous.com /2020 /07 /30 /philosophers-gpt-3 /#gpt3replies.

6. Richard Evans and Jim Gao, “DeepMind AI Reduces Google Data Centre Cooling Bill by 40%,” DeepMind blog, July 20, 2016, https: //deepmind.com /blog /article /deepmind-ai-reduces-google-data-centre-cooling-bill-40.
7. Will Roper, “AI Just Controlled a Military Plane for the First Time Ever,” *Popular Mechanics*, December 16, 2020, https: //www .popularmechanics.com /military / aviation /a34978872 /artificial-intelligence-controls-u2-spy-plane-air-force-exclusive.

第二章

1. Edward Gibbon, *The Decline and Fall of the Roman Empire* (New York: Everyman’s Library, 1993), 1:35.
2. 这种努力只在西方被认为是令人震惊的。几千年来，其他文明的治理和治国传统都对国家利益和追求此类利益的方法进行了类似的研究——中国的《孙子兵法》可以追溯到公元前 5 世纪，而印度的《政事论》(*Arthashastra*) 大致是在同一时期写成的。

3. 20 世纪早期的德国哲学家奥斯瓦尔德·斯宾格勒将西方现实经验的这一方面定义为“浮士德式”社会，其特征是对广阔前景和无限知识的追求冲动。正如斯宾格勒的代表作《西方的没落》(*the Decline of the West*) 这一书名所示，他认为，这种文化冲动和其他文化冲动一样，都有局限性——在这种情况下，是由历史周期界定的。
4. Ernst Cassirer, *The Philosophy of the Enlightenment*, trans.Fritz C. A. Koelln and James P. Pettegrove (Princeton, NJ: Princeton University Press, 1951), 14.
5. 东方传统通过不同的途径更早地获得了类似的洞见。佛教、印度教和道教都认为，人类对现实的体验是主观和相对的，因此，现实并不只是出现在人类眼前的东西。

6. Baruch Spinoza, *Ethics*,trans.R. H. M. Elwes, book V, prop.XXXI–XXXIII, https: //www.gutenberg.org /files /3800 /3800–h /3800–h.htm#chap05.
7. 经过历史的变迁，哥尼斯堡后来成了俄罗斯的加里宁格勒。
8. Immanuel Kant, *Critique of Pure Reason*, trans.Paul Guyer and Allen W. Wood, Cambridge Edition of the Works of Immanuel Kant (Cambridge, UK: Cambridge University Press, 1998), 101.
9. See Paul Guyer and Allen W. Wood, introduction to Kant, *Critique of Pure Reason*, 12.
10. 康德羞怯地将神性置于人类理论理性的领域之外，将其保留为“信仰”。
11. See Charles Hill, *Grand Strategies: Literature, Statecraft, and World Order* (New Haven, CT: Yale University Press, 2011), 177–185.
12. Immanuel Kant, “Perpetual Peace: A Philosophical Sketch,” in *Political Writings*, ed. Hans Reiss, trans.

H. B. Nisbet, 2nd, enlarged ed., Cambridge Texts in the History of Political Thought (Cambridge, UK: Cambridge University Press, 1991), 114–115.

13. Michael Guillen, *Five Equations That Changed the World: The Power and the Poetry of Mathematics* (New York: Hyperion, 1995), 231–254.

14. Werner Heisenberg, "Ueber den anschaulichen Inhalt der quantentheoretischen Kinematik and Mechanik," *Zeitschrift für Physik*, as quoted in the *Stanford Encyclopedia of Philosophy*, "The Uncertainty Principle," https: //plato. stanford.edu /entries /qt–uncertainty /.

15. Ludwig Wittgenstein, *Philosophical Investigations*, trans. G. E. M. Anscombe (Oxford, UK: Basil Blackwell, 1958), 32–34.

16. See Eric Schmidt and Jared Cohen, *The New Digital Age: Reshaping the Future of People, Nations, and Business* (New York: Alfred A.Knopf, 2013).

第三章

1. Alan Turing, "Computing Machinery and Intelligence," *Mind* 59, no. 236 (October 1950), 433–460, reprinted in B. Jack Copeland, ed., *The Essential Turing: Seminal Writings in Computing, Logic, Philosophy, Artificial Intelligence, and Artificial Life Plus the Secrets of Enigma*(Oxford, UK: Oxford University Press, 2004), 441–464.

2. 具体来说，蒙特卡洛树搜索算法负责决定授权或取消棋子的未来走法。

3. James Vincent, "Google 'Fixed' Its Racist Algorithm by Removing Gorillas from Its Image-Labeling Tech," *The Verge*, January 12, 2018, https: / /www.theverge.com /2018 /1 /12 /16882408 /google-racist-gorillas-photo-recognition-algorithm-ai.

4. James Vincent, "Google's AI Thinks This Turtle Looks Like a Gun, Which Is a Problem," *The Verge*, November 2, 2017, https: //www.theverge.com /2017 /11 /2 /16597276 /google-ai-image-attacks-adversarial-turtle-rifle-3d-

printed.

5. 欧洲和加拿大次之。

第四章

1. 然而，一些历史事件提供了有益的对照。关于中央集权与网络之间相互作用的调查，参见 Niall Ferguson, *The Square and the Tower: Networks and Power, from the Freemasons to Facebook* (New York: Penguin Press, 2018)。
2. 虽然“平台”一词在数字领域可以用来指称许多不同的事物，但我们使用网络平台专指具有积极网络效应的在线服务。
3. https: //investor.fb.com /investor-news /press-release-details /2021 /Facebook-Reports-Fourth-Quarter-and-Full-Year-2020-Results /default.aspx.
4. 关于删除的统计数据每季度公布一次。参见 https: //transparency.facebook.com /community-standards-enforcement。

5. See Cade Metz, "AI Is Transforming Google Search.The Rest of the Web Is Next," in *Wired*, February 4, 2016. 从那时起，人工智能在搜索方面的进展一直在继续。其中一些最新的进展可见谷歌的博客。关键词（参见 Prabhakar Raghavan, "How AI Is Powering a More Helpful Google," October 15, 2020, https: //blog.google /products / search /search-on / ）有拼写纠正及搜索特定短语或段落、视频和数字结果的能力。
6. 积极网络效应可以根据规模经济做进一步理解。由于规模经济，大型供应商通常具有成本优势，当由此导致较低的价格时，可以使个别客户或用户受益。但是，由于积极网络效应关系到产品或服务的有效性，而不仅仅是其成本，所以它们通常比规模经济强有力得多。
7. See Kris McGuffe and Alex Newhouse, "The Radicalization Risks Posed by GPT-3 and Advanced Neural Language Models," Middlebury Institute of International Studies at Monterey, Center on Terrorism, Extremism, and Counterterrorism, September 9, 2020, https: / /www.

middlebury.edu /institute /sites /www.middle bury.edu. institute /files /2020-09 /gpt3-article.pdf ?f bclid=IwAR 0r0LroOYpt5wgr8EO psIvGL2sEAi5H0PimcGlQcrpKFaG _ HDDs3lBgqpU.

第五章

1. Carl von Clausewitz, *On War*, ed. and trans.Michael Howard and Peter Paret (Princeton, NJ: Princeton University Press, 1989), 75.
2. 这种态势超出了纯粹的军事领域。参见 Kai-Fu Lee, *AI Superpowers: China, Silicon Valley, and the New World Order* (Boston and New York: Houghton Miffin Harcourt, 2018); Michael Kanaan, *T-Minus AI: Humanity's Countdown to Artificial Intelligence and the New Pursuit of Global Power* (Dallas: BenBella Books, 2020).
3. John P. Glennon, ed., *Foreign Relations of the United States*, vol. 19, *National Security Policy*, 1955-1957 (Washington, DC: US Government Printing Offce, 1990), 61.

4. See Henry A. Kissinger, *Nuclear Weapons and Foreign Policy* (New York: Harper & Brothers, 1957).
5. See e.g., Department of Defense, "America' s Nuclear Triad," https: / /www.defense.gov /Experience /Americas-Nuclear-Triad /.
6. See e.g., Defense Intelligence Agency, "Russia Military Power: Building a Military to Support Great Power Aspirations" (unclassified), 2017, 26–27, https: //www.dia.mil /Portals /27 /Documents /News /Military%20Power%20 Publications /Russia %20Military%20Power%20 Report%202017 .pdf; Anthony M. Barrett, "False Alarms, True Dangers ? Current and Future Risks of Inadvertent U.S. –Russian Nuclear War," 2016, https: //www.rand .org /content /dam /rand /pubs /perspectives /PE100 /PE191 / R AND_ PE191.pdf; David E. Hoff man, *The Dead Hand: The Untold Story of the Cold War Arms Race and Its Dangerous Legacy* (New York: Doubleday, 2009).
7. 例如，俄罗斯运营商 2017 年针对乌克兰金融机构和政府机构部署的NotPetya恶意软件，最终远远超出了乌克兰境内的目标实体，扩散到包括俄罗斯在内的其他国家的发电厂、医院、航运和物流提供商和能源公司。正如美国网络空间阳光委员会主席、参议员安格斯·金和众议员迈克·加拉格尔在2020年3月的报告中所说，“这种恶意软件就像血液中的感染一样，沿着全球供应链传播”。参见*Report of the United States Cyberspace Solarium Commission* 第8页，https:// drive.google.com /file /d /1ryMCIL _ dZ30QyjFqFkkf10MxIXJG T4yv /view.

8. See Andy Greenberg, *Sandworm: A New Era of Cyberwar and the Hunt for the Kremlin's Most Dangerous Hackers* (New York: Doubleday, 2019); Fred Kaplan, *Dark Territory: The Secret History of Cyber War* (New York: Simon & Schuster, 2016).
9. See Richard Clarke and Robert K. Knake, *The Fifth Domain: Defending Our Country, Our Companies, and Ourselves in the Age of Cyber Threats* (New York: Penguin Press, 2019).

10. See e.g., *Summary: Department of Defense Cyber Strategy 2018*, https: // media.defense.gov /2018 /Sep /18 /2002041658 /-1 /-1 /1 /CYBER _STRATEGY_ SUMMARY_FINAL.PDF.
11. 对于说明性的概述，参见 Eric Schmidt, Robert Work, et al., *Final Report: National Security Commission on Artificial Intelligence*, March 2021, https: //www.nscai. gov /2021-final-report; Christian Brose, *The Kill Chain: Defending America in the Future of High-Tech Warfare* (New York: Hachette Books, 2020); Paul Scharre, *Army of None: Autonomous Weapons and the Future of War* (New York: W. W. Norton, 2018)。
12. Will Roper, "AI Just Controlled a Military Plane for the First Time Ever," *Popular Mechanics*, December 16, 2020, https: //www.popularmechanics.com /military / aviation /a34978872 /artificial-intelligence-controls-u2-spy-plane-air-force-exclusive.
13. See e.g., "Automatic Target Recognition of Personnel and

Vehicles from an Unmanned Aerial System Using Learning Algorithms," SBIR /STTR (Small Business Innovation Research and Small Business Technology Transfer programs), November 29, 2017 ("Objective: Develop a system that can be integrated and deployed in a class 1 or class 2 Unmanned Aerial System ... to automatically Detect, Recognize, Classify, Identify ... and target personnel and ground platforms or other targets of interest"), https: //www.sbir.gov /sbirsearch /detail /1413823; Gordon Cooke, "Magic Bullets: The Future of Artificial Intelligence in Weapons Systems," Army AL&T, June 2019, https: //www.army.mil /article /223026 /magic_bullets_the _future_of_artificial_intelligence _ in_weapons_systems.

14. Scharre, *Army of None*, 102–119.

15. See e.g., United States White House Offce, "National Strategy for Critical and Emerging Technologies," October 2020, https:// www.hsdl.org /?view&did=845571;

Central Committee of the Communist Party of China, *14th Five-Year Plan for Economic and Social Development and 2035 Vision Goals*, March 2021; Xi Jinping, "Strive to Become the World' s Major Scientific Center and Innovation Highland," speech to the Academician Conference of the Chinese Academy of Sciences and the Chinese Academy of Engineering, May 28, 2018, in *Qiushi*, March 2021; European Commission, *White Paper on Artificial Intelligence: A European Approach to Excellence and Trust*, March 2020.

16. See e.g., Department of Defense Directive 3000.09, "Autonomy in Weapon Systems," rev. May 8, 2017, https: // www.esd.whs .mil /portals /54 /documents /dd /issuances /dodd /300009p.pdf.

17. See e.g., Schmidt, Work, et al., *Final Report*, 10, 91–101; Department of Defense, "DOD Adopts Ethical Principles for Artificial Intelligence," February 24, 2020, https: / /www.defense.gov /News room /Releases /Release

/Article /2091996 /dod–adopts–ethical–principles–for–artificial–intelligence; Defense Innovation Board, "AI Principles: Recommendations on the Ethical Use of Artificial Intelligence by the Department of Defense," https: //admin.gov exec.com /media /dib_ai_principles_–_supporting_document _–_embargoed_copy_(oct_2019).pdf.

18. See e.g., Schmidt, Work, et al., *Final Report*, 9, 278–282.
19. Scharre, *Army of None*, 226–228.
20. See e.g., Congressional Research Service, "Defense Primer: U.S. Policy on Lethal Autonomous Weapon Systems," updated December 1, 2020, https: //crsreports.congress.gov /product /pdf /IF /IF11150; Department of Defense Directive 3000.09, § 4(a); Schmidt, Work, et al., *Final Report*, 92–93.
21. 这些概念的不同版本最初在以下文章中探讨：William J. Perry, Henry A. Kissinger, and Sam Nunn, "Building on George Shultz' s Vision of a World Without Nukes,"

Wall Street Journal, May 23, 2021, https: //www.wsj.com /articles /building-on-george - shultzs-vision-of-a-world-without-nukes-11616537900.

第六章

1. David Autor, David Mindell, and Elisabeth Reynolds, "The Work of the Future: Building Better Jobs in an Age of Intelligent Machines," MIT Task Force on the Work of the Future, November 17, 2020, https: //workofthefuture.mit.edu /research-post /the-work-of-the-future-building-better-jobs-in-an-age-of-intelligent-machines.
2. "AlphaFold: A Solution to a 50-Year-Old Grand Challenge in Biology," DeepMind blog, November 30, 2020, https: //deepmind .com /blog /article /alphafold-a-solution-to-a-50-year-old-grand-challenge-in-biology.
3. See Walter Lippmann, *Public Opinion* (New York: Harcourt, Brace and Company, 1922), 11.
4. Robert Post, "Participatory Democracy and Free Speech,"